张文敬 著

北京日报出版社

图书在版编目（CIP）数据

螺髻山 / 张文敬著. —北京：北京日报出版社，2016.9

（唯美四川）

ISBN 978-7-5477-1723-3

Ⅰ. 螺… Ⅱ. ①张… Ⅲ. ①山－自然保护区－介绍－四川省 Ⅳ. ①S759.992.71

中国版本图书馆CIP数据核字(2015)第209149号

唯美四川——螺髻山

出版发行：北京日版出版社

地　址：北京市东城区东单三条8-16号　东方广场东配楼四层

邮　编：100005

电　话：发行部：（010）65255876

总编室：（010）65252135

印　刷：保定金石印刷有限责任公司

经　销：各地新华书店

版　次：2016年9月第1版　2016年9月第1次印刷

开　本：787毫米×1092毫米　1/16

印　张：12.25

字　数：220千字

定　价：46.00元

热诚祝愿文敬同志
地理冰川系列科普
著作出版发行

提高科学知识
拓宽人生境界

施雅风敬贺
二〇〇九年十月三日

施雅风院士题词

螺髻山賦

大可題

林海歡鳴金沙峽邛海波涌螺髻山往事漫回首滄海兩億年載經沉與浮岩溶基礎莫海洋迭積緣成陸昂然直指冰凍圈百萬十萬一萬年冷熱輪回多壯觀鵝毛亂飛揚冰流多漫滋作寒息又暖雪融留雀畔山下鳥語惜花香山溪泉流成瀑瀑飛人類磨石取火時觀音螺髻繪現宮退儒色進雪化冰消融留下了多少湖泊漣漪翻還有那些刻槽冰川擦痕鯨背而羊杜鵑坐海掩映西康木蘭多嬌艷可人紅豆杉箭竹牛獼猴觀湖中小鯢游仙草戲藍下更有金雕傲白雲血雉躑躅在林間林海濤湧松蘿髯拂天上人間蘆笙頌螺髻火把映龍潭彝歌聲飛入九天啊螺髻山地瑯環境演替的活化石古冰川天然的博物館螺髻山美螺髻山麗螺髻山美麗不一般螺髻山神螺髻山奇螺髻山神奇美輪又美奐安哈安哈彝家人卡薩卡薩螺髻山

張文敏教授螺髻山賦 辛卯冬大可書

螺髻山赋 / 张文敬

林涛欢鸣金沙岸，邛海波涌螺髻山；
往事漫回首，沧海两亿年，几经沉与浮，岩熔基础奠；
海洋迭积终成陆，昂然直指冰冻圈。

百万十万一万年，冷热轮回多壮观；
鹅毛乱飞扬，冰流多漫漶；乍寒忽又暖，雪斑留崖畔；
山下鸟语伴花香，山溪泉流水潺潺。

正人类磨石取火时，观音螺髻终现。
寒退绿色进，雪化冰消融，留下了多少，湖泊涟漪翻；
还有那巨型刻槽，冰川擦痕鲸背面。

看杜鹃花海掩映，西康木兰多娇艳；
可人红豆杉，羚牛猕猴欢；湖中小鲵游，仙草戏蓝天；
更有金雕傲白云，血雉蹒跚在林间。

林海涛涛，松萝舞拂，天上人间。
芦笙颂螺髻，火把映龙潭，彝歌声声入九天。

啊，螺髻山，地球环境演替的活化石，古冰川天然的博物馆！
螺髻山美，螺髻山丽，螺髻山美丽不一般；
螺髻山神，螺髻山奇，螺髻山神奇美轮又美奂！
安哈安哈彝家人，卡萨卡萨螺髻山。

注：“安哈”为螺髻山的彝语名称，“卡萨”是彝语“谢谢”的意思。

序

程国栋，中国科学院院士，国际著名冻土与环境学家，中国科学院兰州分院院长，曾任中国科学院兰州冰川冻土研究所所长

张文敬教授不仅是一位优秀的冰川与环境科学研究人员，还是一位优秀的科普作家。作为科学家，他参加过许多著名的科学考察，比如1973年—1976年的青藏高原自然资源综合科学考察，1977年—1979年的天山最高峰——托木尔峰登山科学考察，1980年的科教电影《中国冰川》的科学指导和科学考察，1981年的中日天山博格达峰冰川联合科学考察，1982年—1984年的西藏南迦巴瓦峰登山科学考察，1985年的乔戈里峰地区的叶尔羌河冰川洪水溃决科学考察，1985年和1987年的中日西昆仑山冰川联合科学考察，1989年的中德青藏高原冰川联合科学考察，1990年—1994年的中日川藏公路冰川灾害与环境科学考察，1998年的雅鲁藏布大峡谷徒步穿越科学探险考察。他还四次赴南极进行科学考察，三次赴北极进行科学考察；先后乘船经临了太平洋、印度洋、大西洋和北冰洋。他的足迹遍布地球七大洲四大洋，尤其是走遍了中国西部几乎所有的冰川分布区。

这些经历不仅让他很好地完成了国家赋予的各次科学研究任务，而且也为他的科普创作积累了大量的素材。在一次我们同赴云南丽江玉龙雪山的考察中，张文敬送给了我一本他写作出版的《追寻冰川的足迹》。这本科普书不仅把有关冰川与环境的科学知识讲得头头是道、层次分明，而且那优美的文笔读起来也十分引人入胜。

张文敬原是中国科学院兰州冰川冻土研究所的高级研究人员，后来作为引进人才调到了中国科学院成都山地灾害与环境研究所。我虽然和他见面少了，可是仍然不时在一些重要杂志上见到他发表的研究论文和科普文章，尤其是常常读到他在《中国国家地理》等著名科普杂志上写的文章，文字清丽、观点明确、思想新颖。虽然是科普散文，可是那坚实的科学功底和娓娓道来的科学故事使人不忍释卷，欲罢不能。他还常常在国内一些顶级媒体活动上露面，对许多冰川与环境现象进行现场解读。而这些解说和讲演都在他的科普文章或者科普图书中得到了更进一步的有趣发挥和精彩描述。

作为一位有担当、有责任感的科学家和科普作家，张文敬的许多作品都体现出求实的科学精神，即便是纯科普作品，按照张文敬的要求都必须姓“科”，科学的科。而这科学的风骨和灵魂正是张文敬在几十年的风霜雨雪中得以持续和不断砥砺的结果。他书中的每一个故事几乎都可以找到准确的地理坐标和翔实有据的科学内涵。不少科学研究人员尤其是野外考察者通过他的科普书籍和科普文章都可以得到许多启示和帮助。一些“驴友”甚至拿着他写的《喜马拉雅科考纪行》按图索骥，从西藏一路走到尼泊尔；甚至有的人凭着这本书的指引，竟然到尼泊尔做起了国际贸易。

张文敬还是一位特别喜欢读书学习的人，这从他的科普散文和科普专著中就能找到全方位的诠释。他虽然主攻冰川与环境，可是在描述动物和植物甚至微生物的时候，无论这些生物的生活环境、生活习性、演替规律，甚至于科学分类都考证有据、索引可查，令有关专家刮目相看，称赞有加。

在几十年的科学考察中，他几乎每天都要记日记。他写的每篇科普文章和每部科普图书中涉及的时间、地点和人物都让人有亲临其境的感觉。大凡他到过的地方，无论农民牧民，都有他知根知底和交心熟悉的朋友，那些农民牧民一提起“扎姆基队长”(不少少数民族群众都习惯称考察队员为“队长”，雅鲁藏布大峡谷一带的少数民族同胞根据谐音将张文敬叫成了“扎姆基队长”）都热情有如家人。

他的许多科普文章，无论文字和图片都有一定的唯一性、前瞻性以及参考性。比如《青藏高原二万里》中提到的“喜马拉雅山旗树”，不少人就会根据书中的描述不远千里万里去寻觅拍摄；一些商家在《大峡谷冰川考察记》一书中看到对无人区红豆杉的描述就专门派人寻路而进，对那里的红豆杉资源进行调查；一些国内外游客正是通过这本书里的介绍，对西藏波密县境内的米堆冰川情有独钟。《南极科考纪行》和《说不完的北极故事》更是国内不少有志于南北极科考探险和科研人员以及青少年朋友的参考读物。还有的单位将他的科普图书列为工作人员必备的参考培训教材，比如《南极科考纪行》《大峡谷冰川考察记》和《海螺沟科考纪行》等。

一代科学大师、中国冰川学之父施雅风先生生前多次对人讲到“张文敬同志做了许多很有成效的冰川研究工作，写了那么多文章”。在读到张文敬的《情系冰川》一书后，曾写信称赞说：“好极了，真是妙笔生花、图文并佳，在我看过的冰川普及读物中，这是最出色的一本。”

对于科学研究和科学普及，张文敬有他自己的独到见解：“用文字写科学叫科研，用文学写科学叫科普。”在他的科学研究论文里，张文敬的求证逻辑推理朴实无华，文章结构层次清晰明了，让内行一目了然，即使外行也不觉得枯燥无味；在他的科普散文和科普专著中，字里行间更有无尽的甘饴清香之气，似乎在一气呵成的文学温泉泳池里，人们可以享受到科学涟漪的漫漫浸润和热络熏陶。

张文敬被四川省科普作家协会授予四川省21世纪前十年杰出科普作家，还被中国科学院授予“十一五”科学传播先进个人等荣誉称号。

现在，张文敬的又一部科普力作问世了，这就是《唯美四川——螺髻山》。我相信读者朋友一定可以从中体味到我们地球家园如何通过螺髻山这个“视窗”展现它的沧海桑田、冷热交替、冰火两重天的涅槃和再生。因为，螺髻山真的就是“地球历史环境演变的活化石，中国第四纪古冰川作用的天然博物馆”。希望朋友们在作者提供的这方又一全新的“科普文学泳池”里，去感受第四纪冰川科学与环境变化那灿若莲花般的涟漪给你的抚摸和亲吻吧。

螺髻山是位于四川省凉山彝族自治州的一座名山，那里的第四纪古冰川和古冰缘地貌形态典型、种类齐全，既是旅游观光和休闲度假的绝佳目的地，又是科学研究、教学实习和科学探险的理想王国，既有十分丰富而且品位很高的生态景观和地质地理等自然资源，又有非常悠久而且灿烂多彩的以彝族文化为主的人文资源。希望更多的专家学者和有识之士进一步去关注神州大地上的这一方闪耀着无尽光芒、峰岭叠彩、溪湖雍翠，集自然地貌景观和人文景观为一体的“唯美中国”之瑰宝。

祝愿张文敬教授有更多更好的科普作品问世。

2011年12月

目录

CONTENTS

楔　子

螺髻山，兼有黄山、泰山之雄奇，华山之俊俏，峨眉、九寨之秀美，更有举世罕见的古冰川遗迹。冰川地貌峥嵘壮观，刃脊如削，角峰凌厉，峻拔挺秀，规模宏大，是名副其实的地球历史气候环境变化的活化石，中国第四纪古冰川作用的天然博物馆。

在中国广阔的中东部地区，很少有超过或接近海拔4000米的高山，更多的则是一些海拔低于2500米的中低山地。比如，素有“五岳之尊”美称的山东泰山海拔仅1524米，度假胜地江西庐山海拔仅1474米，素有“天下第一奇山”之称的安徽黄山海拔仅1873米，号称我国第二台阶东缘最高峰的湖南省雪峰山苏宝顶海拔也才1934米。这些地方无不林木葱茏，风景秀丽，山水怡人，物产丰富，堪称是我国中东部的“后花园”。不过，也有一些海拔超过3000米甚至接近和超过4000米的中高山地，自然景观也非常丰富多彩。不仅如此，在这些中高山地葱茏秀丽的景观中，还能发现一些与风吹雨蚀完全不一样的地质地貌形迹，那就是风光别样的第四纪古冰川作用现象。

在我国宝岛台湾有一条纵贯南北的中央山脉，从南向北分别为海拔3090米的北大武山、海拔3293米的卑南主山、海拔3997米的玉山和海拔3559米的奇莱主山，其中海拔3997米的玉山山顶附近就有一些明显的第四纪古冰川遗迹。

陕西省的秦岭主峰太白山海拔为3767米，那里也有不少像角峰、冰斗、冰碛和石海等典型的古冰川侵蚀地貌和堆积地貌景观。

螺髻山黑龙潭。

远眺螺髻山。

螺髻山蓓蕾峰。

螺髻山冷杉树。

在笔者的家乡大巴山西段的米仓山，最高峰光雾山海拔也才2501米，还有一些突兀的山峰，海拔多在1500 ~ 2000米，即使在寒冷的冰期里，米仓山也只有一些多年性积雪产生的雪蚀作用，而绝无古冰川形成的可能。

在一度被炒得沸沸扬扬，有所谓“野人”出没的湖北省神农架海拔3105米的大神农顶，也仅仅可以看到一些类似古冰斗和石海的不太典型的古冰川漂砾遗迹。

山西省的五台山曾经发育过第四纪古冰川，位于北台的叶斗峰是五台山的最高峰，海拔达到了3069米，那里山顶浑圆平缓，有不少古冰川石砾和石海以及冻胀丘分布。在北台的坡面上可以见到规模不大的古冰斗等地貌形态。

神农架和五台山有过第四纪古冰川作用，此前并未被冰川学界所认可。有关那里的第四纪古冰川遗迹都是经过我亲身考察之后得到的大致印象。应该说问题不大，只不过规模很小，在寒冷的第四纪冰期时，它们都属于冰川家族中的很小很小的“小弟弟”、“小妹妹”了。建议后去者进一步对之进行更为详尽的科学考察。

此外，在四川盆地的西南一隅还有一个地方保存着丰富的第四纪古冰川遗迹，而且丰富得让人神往，让人流连忘返，让人们对大自然神奇而伟大的力量不仅敬畏有加而且感到匪夷所思，有穿越地质历史时空之感。这就是本书将要给读者朋友介绍的螺髻山，书中将要展现的就是她那让人眼花缭乱、百看不厌的第四纪古冰川景观地貌以及相应的自然地理环境和美丽纷呈的彝族风情民俗文化。

螺髻山位于四川省凉山彝族自治州西昌市、普格县和德昌县相邻的地区，主峰海拔4359米，南北长约80千米，东西宽约30千米，山体面积达2240平方千米，北距著名的月亮之城西昌市邛海之滨仅30千米。

我第一次拜谒螺髻山是在20世纪的1972年春季。那时我从兰州到贵州探亲，结束之后绕道昆明乘火车返回，经过攀枝花和安宁河谷。由于车速快，只是隐隐约约地感到那是一片美丽的土地，是一座林木如黛、巍峨入云的神秘山脉。

第二次是1980年5月中旬。记得当年3月18日从兰州出发时，天上还飘着细碎的雪花，我和上海科学教育电影制片厂的著名导演兼摄影殷虹先生以及著名作曲家金复载先生一行，为拍摄《中国冰川》电影从兰州出发，先后经过西宁、格尔木、昆仑山、沱沱河、唐古拉山、那曲、拉萨和日喀则等地，并到珠穆朗玛峰、西夏邦马峰、南迦巴瓦峰、雅鲁藏布大峡谷、察隅县的阿扎冰川、横断山和云南省境内的梅里雪山、丽江玉龙雪山等地拍摄电影外景。在从云南丽江返回兰州经过攀枝花、西昌的途中，只见公路的东边有一条青翠蜿蜒的山脉突兀在湛蓝的天空之中，山脉的腰间飘着几缕哈达般的白云，山脉的足部和宽展的安宁河谷阶地自然相连，森林连着田畴，云雾接着炊烟，好一派自然天成的美丽风光，真是人类居住的最佳乐园。

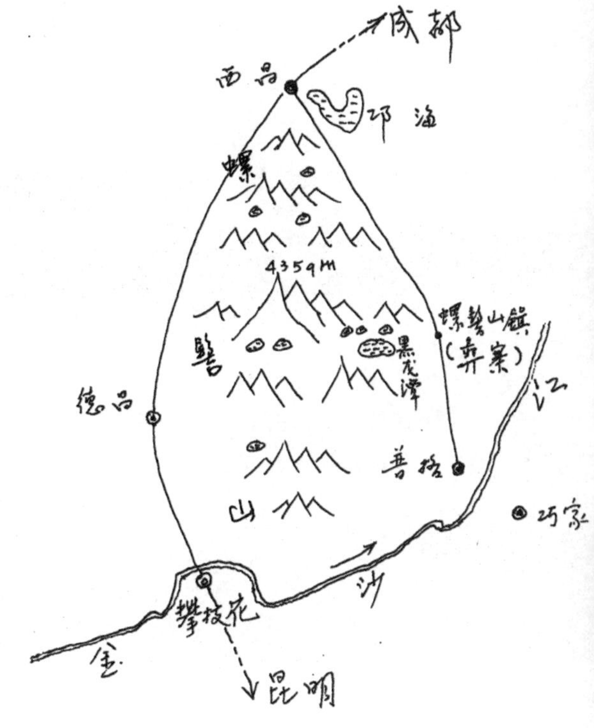

螺髻山位置简图。

我毕业于兰州大学地质地理系，又主要从事冰川和环境科学研究，所以不假思考便可以断定眼前的这座山应该就是螺髻山了。由于公路迤逦蜿蜒在安宁河谷中，虽然能够看到螺髻山那婀娜多姿的外形，但是对于山中的地貌景观则不得而知，尤其更看不到她的主峰是个什么模样，有藏在深山人未识的感慨。那时我就在想，有一天我一定要再次来到西昌，来到螺髻山，登临到她的山体幽深之处一探其神秘的究竟，因为大学的教科书曾经说到过，在螺髻山中有丰富的第四纪古冰川分布的遗迹呢。

螺髻山秋色。

我的老师曾在课堂上介绍螺髻山第四纪古冰川地质地理和地貌环境时，还着重讲到著名的攀西大裂谷，讲到攀枝花多金属伴生大铁矿山的发展前景，还说那里山坡上的土地都被铁锈水染成了红黄色，不少山上的植物体内都富含铁等多种元素。

攀枝花和西昌一带真是中国的聚宝盆。其中钒钛磁铁矿储量达到100多亿吨，占全国铁储量的20%；钛资源储量为8.7亿吨，占全国钛资源储量的90.5%，占世界钛资源储量的35.2%；钒资源储量为1580万吨，占全国钒资源储量的62%，占世界钒资源储量的11.6%。此外，这里还有丰富的钴（90万吨），镍（70万吨），钪（25万吨），镓（18万吨）以及大量的铜、硫磺等矿产资源。

说心里话，当时我也曾经暗暗下过决心，有一天能够到西昌和攀枝花一带工作，去研究那里的古冰川或者为建设攀枝花工业基地贡献自己的力量。后来我虽然没有能够直接分配到我曾经心仪的攀枝花或者西昌工作，但是作为科学研究的国家队——中国科学院的研究人员，其活动的地域范围更广阔，到自己想去的地方的机会更多、更方便，于是也就有了1980年5月下旬我们长途奔袭绕道攀枝花和螺髻山的工作经历了。不过由于时间关系和任务在身，那次考察仅仅是走马观花。但是我相信一定还有机会亲临螺髻山，用自己的双脚走进螺髻山，对那里的古冰川遗迹，对那里的地质构造，对那里的生态环境，对那里的山山水水做一次或多次科学考察。

杨超女儿杨潇（右3）等在螺髻山。

在说到攀枝花大型钒钛磁铁矿基地的建设和开发时，一定不能够忘记一个人，他就是曾经先后出任过中共四川省委工业部部长，四川省委书记处书记，副省长，省政协主席的杨超同志。他从一开始就对攀枝花——西昌工业基地的建设充满了信心，并且在后来的半个世纪里，这位早在延安时期就被毛泽东誉为“中国黑格尔”的革命家，硬是用自己的热情、智慧和心血，多次亲临攀枝花和西昌第一线，亲自挂帅，身体力行，呕心沥血，悉心谋划，即使在某些极端困难的情势下，也未敢稍有懈怠，为了中国的“乌拉尔”，为了将曾经被认为穷山恶水的金沙江中上游建成中国集钒、钛、磁铁矿等有色金属，稀有金属，贵重金属以及煤炭、水电，农业、轻工业为一体的重要的经济建设基地做出了特殊的无可取代的贡献。

后来在我从事科学普及创作的时日里，认识了杨超书记的女公子杨潇。杨潇是原科幻杂志社的社长，也是著名的杂志编辑家和科普作家。在我创作和修改《唯美四川——螺髻山》书稿期间，杨潇多次和我深情地聊起西昌，聊起攀枝花，聊起螺髻山，聊起她的父亲和曾经关心支持攀枝花——西昌工业基地建设的老一辈革命家周恩来、贺龙、方毅等。她曾经随同父辈在螺髻山下西昌邛海之滨度过了她最美好的少年时代，多次嬉戏于螺髻山百花盛开的草地上，徜徉在安宁河盆地阡陌纵横的田亩中。杨潇说，她爸爸生前喜欢和科学研究人员交朋友，尤其最喜欢和从事野外工作的科考工作者交朋友。她说，如果她父亲杨超在世时认识我的话，我们一定会成为好朋友的。我也多次告诉杨潇说，如果她的父亲杨超书记再得以天假以年的话，一定会特别关注包括螺髻山在内的整个凉山地区生态环境和地貌景观的保护以及可持续发展建设的。因为无论当年著名的风景名胜区九寨沟和黄龙还是兴文石林等四川省许多地方的森林禁伐，景区地貌景观的保护、开发和建设都和杨超老亲临现场指导决策以及后来持续不断的关心分不开。

一 上 螺 髻 山

五彩缤纷的古冰川湖泊，气势磅礴的古冰川刻槽，雄奇壮观的角峰、刃脊，迷人多彩的杜鹃花海，神奇壮丽的温泉瀑布……令人眼花缭乱的古冰川地貌景观和宛若仙境的美景让人百看不厌。螺髻山就像一位藏在深闺人未识的美女，是神州大地上又一朵瑰丽的奇葩。

急不可待赴螺髻

机会总是会特别眷顾那些有准备的人。机会终于来了，因为我自以为还算是有所准备的人。

2007年夏天的酷热还没有完全退去，西昌凉山彝族火把节亮艳热烈的火焰还未曾完全熄灭的时候，《中国国家地理》杂志社邀请我去螺髻山考察并为杂志写一篇有关螺髻山第四纪古冰川的考察散文，我自然欣然领命，在特聘编辑刘乾坤的陪同下，乘坐从成都到昆明的列车再次来到西昌。接待我们的是凉山彝族自治州宣传部门，行程都是小刘

邛海远眺。

一手安排的。刘乾坤曾经做过杂志的主编，在省内不少宣传部门都有很多朋友，加上此次组稿又是为了宣传凉山、西昌和螺髻山，地方党政部门自然非常欢迎，积极为我们安排相应的考察行程和路线。

邛海鱼舟。

我们是早上抵达西昌火车站的，西昌的朋友有车接站。早餐后征求我的意见是先上螺髻山考察，还是先到邛海观赏风景。早先就听说邛海很美：水面上渔帆片片；下雨时烟雨朦胧，诗意无限；晴天时，东南方向的泸山倒映在邛海中，湖光山色，天上人间；现代化的滨海公路犹如镶嵌在邛海周边的一条褐色玉带；各种行道树和以三角梅为主的艳丽花卉将邛海及其周边一带尽显当地民俗的现代化民居映衬得更加活泼，更加有生气，就像一幅天造地设的风景画。我自然很想先去那里游览观光，散散步，喝喝茶，看儿童游戏，看老者垂钓，但我却更急于先上螺髻山。

螺髻山和邛海同属一个风景名胜区，当年为了申报国家级风景名胜区并试图力争获得批准，于是就被“打包”一起向国家有关部门申请。这种现象在中国很普遍。比如四川的乐山大佛和峨眉山，明明是地貌环境不同、核心景观内容也不同的两处独立的风景名胜区，却被人为硬性地捆在一起申报为一个风景名胜区，甚至申报为一个世界自然文化遗产地。其实，无论邛海还是螺髻山，她们完完全全有资格、有“权利”一枝独秀地成为单独风景名胜区。这种做法的利弊这里就不多谈了。

螺髻山的第四纪古冰川景观遗迹像一块巨大的磁石深深地吸引着我，我恨不得生上一双翅膀，即刻飞到螺髻山，徜徉在那那些古冰川遗迹之中。

随着科学知识的普及，科学意识已浸润到了我们生活的方方面面，包括我所研究的冰川。不过人们了解的多为现代冰川，对古冰川却知之甚少或者完全不了解。

螺髻山就是我国古冰川地貌分布最为典型的地区之一。我相信，螺髻山应该就是地球气候环境变化的活化石，是中国第四纪古冰川作用遗迹的天然博物馆。

邛海的美丽风光容后再来欣赏吧。

地质年代与第四纪冰川

地球的形成历史距今大约已有50亿年了。科学家根据岩层序列、动植物化石的分布，并利用许多高科技测年手段，将地球演替历史进行了分期。比如将最古老的地球历史划分为前震旦纪、震旦纪，以后依次为寒武纪、奥陶纪、志留纪、泥盆纪、石炭纪、二叠纪、三叠纪、侏罗纪、白垩纪、第三纪和第四纪。第四纪（又可细分为更新世和全新世）就是我们目前的人类时代，指距今260万年以来的地球历史。

所谓古冰川也就是指曾经发生在第四纪的冰川，它们由于气候和地貌环境变化而消失，但是却留下了各种冰川作用过的遗迹系统。冰川是地球第四纪以来一定地形条件下气候变化的产物。它们是通过大气降水（雪）沉积在高寒地带，先由雪花圆化变为粒雪，再由粒雪变质成为冰，在地球引力作用下，以肉眼无法察觉到的极其缓慢的速度向下游流动而形成的由雪、粒雪、粒雪冰和动力变质冰形成的冰的“河流”。这种冰的河流，我们中国称之为“冰川”，日本称为“冰河”，西方称为“glacier”。

现代冰川主要分布在地球的南北两极和包括赤道附近在内的地球上各大高山、极高山和高海拔的高原上。最大的现代冰川区就是南极冰盖，它的面积达1300多万平方千米，厚度可达2000～4000米；北极地区的格陵兰冰盖位居世界第二，面积达200多万平方千米，厚度也在2000米以上。中国是世界上山地冰川最发育的国家，在西部的新疆、西藏、青海、甘肃、四川和云南共分布有现代冰川46252条，面积为59402.60平方千米。

南极冰盖是最大的现代冰川区。

川西高原雀儿山的现代冰川。

第四纪古冰川遗迹在地球上许多地区都有分布，它们一般表现的地貌形态有角峰、刃脊、U型谷、冰碛湖、冰蚀湖、终碛垄、侧碛垄、融冻阶地、古冰斗、磨光面、冰刻槽、羊背岩（也有学者称之为“鲸背岩”）、冰川擦痕和冰川漂砾等。这些地貌有的分布在有现代冰川发育的地区，有的则分布在无现代冰川分布的一些高山高原区和高纬度地区；有的零星分布，有的单独存在，有的则是非常系统地集中分布在某些山区、高原区或者地球高纬度地区。科学家又习惯地将第四纪古冰川遗迹简称为“古冰川”（ancient glaciation）。

地质年代与生物发展阶段简表

宙	代		纪	距今时间（百万年）	生物发展阶段	
显生宙	新生代		第四纪	2.6	人类时代	被子植物
			第三纪	66	哺乳动物	
	中生代		白垩纪	144	恐龙时代 爬行动物	裸子植物
			侏罗纪	208		
			三叠纪	245		
	古生代	晚古生代	二叠纪	286	两栖动物	蕨类植物
			石炭纪	360		
			泥盆纪	408	鱼类时代	
		早古生代	志留纪	438		藻类繁盛时期
			奥陶纪	505	无脊椎动物大发展	
			寒武纪	540	三叶虫时代 生物大爆发	
隐生宙	元古代		震旦纪	1500	原始动物开始出现	
			前震旦纪		细菌–蓝藻时代	
	太古代				生命形成时期	

高原冰川地貌。

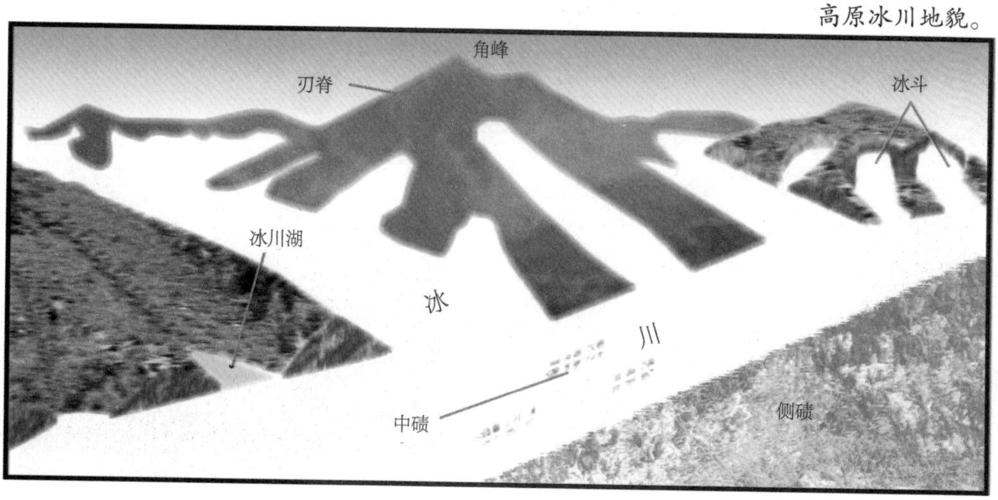

角峰
刃脊
冰斗
冰川湖
冰
川
中碛
侧碛

沧桑变迁拖木沟

我们乘汽车离开西昌，离开邛海，一路向螺髻山驶去。

西昌的秋天和凉山彝族火把节一样红火：天空艳阳高照，田畴一片金黄。这年西昌的石榴大丰收，但是市场行情不看好。火红的石榴把树枝压得喘不过气来，公路两旁堆得像小山一样的石榴红得耀人眼睛，那是果农在兜售丰收的石榴。

中国人有用石榴过中秋的习俗，大概一是石榴的红色象征着喜庆，再就是圆圆的石榴寓意着家人和朋友的团聚吧。节前石榴的价钱一路攀升，但中秋一过，石榴的价格也就跌落下来了。成都超市节前石榴10元一斤还抢着买，节后三五元钱一斤也很难卖出去。而等到西昌火把节一过，尤其是中秋节之后，那味道鲜美的石榴更少有人问津了。很多石榴甚至会烂掉，着实叫人可惜。

由于气候原因，螺髻山附近出产的水果品质很高，除石榴外，樱桃、枇杷等都非常知名。

汽车刚刚翻上大箐梁子，我的眼睛一亮，几十年冰川研究的专业经验告诉自己：离古冰川的区域范围不远了。我顺势朝右手车窗外看去，果然见到有一些零星的石砾矗立在由西向东倾斜的山坡上——没错，那就是古冰川漂砾！是从螺髻山经冰川或者冰川泥

螺髻山地区盛产石榴。

螺髻山地区出产的樱桃。

石流搬运而来的冰碛漂砾，看来真不可小看了螺髻山！要是眼前的漂砾是直接由冰川搬运而来的，那么当年螺髻山的冰川规模的确不小，并且对当年古冰川的形态都要重新认定。因为此前一些专家只是认为螺髻山曾经发育过山谷冰川，如果大箐梁子的漂砾属于冰川搬运，那么螺髻山古冰川范围不仅要扩大，而且当时这里除了山谷冰川，一定也发育过覆盖型的冰帽冰川！

在中国，几乎所有的地名都如影随形地带着几分文化或者自然环境的烙印，比如大箐梁子，就意味着这是个竹木掩映的山梁之处。可是谁又能想象得出来，曾几何时，这里却是螺髻山古冰川作用中心冰流四溢、大雪飞扬、天寒地冻的一部分呢？

翻过大箐梁子，我们便进入则木河流域。一路缓缓下行，大约半个小时后来到一个

冰川漂砾、终碛垄和侧碛垄

冰川漂砾是由冰川搬运到下游很远地方的各种砾径的冰碛砾石，其最大砾径可达数米甚至数十米，其搬运远近以冰川规模大小而定。冰川搬运能力很强，它不仅能将冰碛物搬运到很远的距离，还能将巨大的岩块搬到很高的部位。欧洲第四纪大冰川曾把斯堪的纳维亚半岛上的巨砾搬运到千里之外的英国东部以及德国、波兰北部和前苏联的东欧地区。冰川还有逆坡搬运的能力，能把岩石从低处搬到高处，西藏东南部一些大型山谷冰川，能把花岗岩的冰碛砾石逆冲抬高到200多米的高度。具有磨圆擦痕的大漂砾，不仅是冰川存在的证据，还可用作测量冰川流向、圈定范围，追索、寻找砂矿、原生矿床的标志。

终碛垄指在冰川前缘由终碛构成的垄岗状地形，侧碛垄是在冰舌两侧堆积的垄状冰碛。在冰川的终端位置暂时稳定时，终碛物会随冰川的运动而不断累积增高，于是在前缘形成弧形垄岗。正由于此，终碛垄常是古冰川到达停滞位置的一个重要标志。

螺髻山景区中的古冰川漂砾。

叫作“拖木沟”的地方。顾名思义，当年这里一定是螺髻山的木材集散地。不过随着长江上游天然原始森林保护工程的实施，包括螺髻山在内的森林砍伐已成为历史。如今拖木沟这个地名已渐渐被人们遗忘，因为这里不仅无木可拖，连地名也已经改为螺髻山镇了。

在螺髻山旅游景区管理局的临时办公楼上，一位敦实憨厚的彝族汉子接待了我们，他就是现任管理局局长日海补杰惹。聊天中得知，日海局长早在上高中时就受地理老师的影响，深深地喜欢上了家乡的地理风物。大学毕业后放弃留校任教的机会，回到家乡工作，后来有幸被遴选为螺髻山旅游景区管理局的局长，他更是对家乡这一方得天独厚的美丽景观情有独钟、热爱有加。

和我国其他许多山脉一样，螺髻山的各部分在地貌单元上，甚至在地质构造系统中均属同一整体，可是由于人为的原因，它们却分属于不同的行政区划。螺髻山的北端属西昌市，西坡相当一部分在德昌县境内，东南坡地域面积最大，属普格县管辖。

随着旅游热的兴起，尤其是生态旅游业的方兴未艾，我国不少地方把旅游业当做发展区域经济的主要产业，甚至是支柱产业加以推进，于是各地争先恐后地纷纷开发自己的地貌景观资源，比如四川的九寨沟、黄龙、海螺沟和米仓山，当然还有螺髻山等。为了科学发展、科学管理，一些景区以主要核心景观为主体，将相应区域划出单列，成立了相对独立的景区管理局。为了生态屏障的安全，为了生态环境的保护，为了景区及相关地区的可持续发展，这种管理体制是必要而且科学可行的。

螺髻山景区管理局就是这一科学管理体制的产物，是隶属于凉山彝族自治州的副县级行政管理部门。后来，螺髻山景区管理局搬到了螺髻山镇新建的彝寨中。

作者和日海局长在螺髻山西北坡考察。

螺髻山镇位于螺髻山东坡的拖木沟和清水沟，实际上是当年在冰川和冰川泥石流作用下，从螺髻山中搬运而出的冰碛物逐渐形成的阶地或者冰川泥石流扇形地。从大箐梁子南坡蜿蜒而来的则木河水静静地在镇东的则木河中由北向南流淌着，顺直而宽敞的西（昌）巧（家）省级公路从镇中通过。站在彝寨那极具彝家民族风情而又充满现代建筑元素的寨楼上向东望去，层叠绵延的是大凉山山脉；回首西望，只见一脉青山拔地而起直入霄汉！山顶云雾飘渺，山间层林尽染，山前流水潺潺。一条等级很高的水泥路连接着螺髻山镇和螺髻山山门处的门票站及更高处的游人索道站。

古朴而美丽的螺髻山镇彝寨。

日海局长热情友好地接待了我们，他安排局办公室的曾尚文同志陪同我们进山考察。由于我们是第一次进山，日海局长还派了一位熟悉山中道路，名叫陈扎的彝族姑娘随同前往，为我们介绍山中有关情况。

在小曾的带领下，我们登上了进山索道。

螺髻山索道全长2500米，索道下站入口海拔2526米，索道上站海拔3526米，上、下索道站垂直高差达1000米，目前在国内应该属于海拔较高、相对高差较大的一条高山观光旅游缆车索道。据有关资料，除了钢索之外，索道的塔架、缆车、吊斗以及动力系统均为国产。但是实事求是地讲，目前螺髻山索道和国内许多景区观光索道相比，其技术水平比较落后。缆车吊斗容积小，每次只能乘坐两人，而且质量粗糙，缆车运行速度很慢，短短2500米的单程运距竟需要40多分钟。无论上站还是下站，缆车在上下人时不能减速，客人必须以超强的临战状态进出缆车吊斗，对老人、儿童和身体欠佳的游客而言十分不方便，极易出现安全问题。

当初螺髻山索道建设投入了3600万元人民币。螺髻山东坡索道目前已经难以满足接待大量游客的需求，这严重限制了螺髻山游客进山的数量，不仅不利于索道公司本身的经济效益，也一定程度上制约了螺髻山镇、普格县乃至凉山彝族自治州旅游产业的发展。后来，索道公司又投巨资近亿元，引进全套进口设备，在索道南侧不远处新建一条技术更先进、更便捷的索道。新索道建好后，不仅可以成倍地扩大载客人数，而且大大提高效率，将单程运行时间缩短为8 ~ 10分钟。此外，有关部门还规划在西昌市安哈镇摆摆顶至螺髻山金厂坝景点间的螺髻山西北坡，再建一座高山高速索道。该索道上、下站水平距离约3433米，垂直高差约682米，直线距离约3500米。新索道的设计单程运行时间据说也可以缩短到8 ~ 10分钟。但愿这些新的索道能早日建成，以便将制约螺髻山旅游的瓶颈变成一条高效率、高水平的现代化绿色通道。

彝族人的姓名

彝族人的姓名，不仅包括姓和名，还包含有性别等信息，因此，大多是四个字或五个字。彝族朋友告诉我说，以同行的科考队员日海克嘎惹为例，在彝语中，“日海”又可以叫作“依伙”，是一个家族的姓，“克嘎”是西北方的意思，是母亲分娩当年的年龄及星相方位，有些出生时生辰八字的寓意，而“惹”则是男性的意思。如果一个人是女性，那么在她的名字后面就要加一个“嫫”字，以示与男性的区别。在彝语中，表示男人性别的“惹”字一定要加在名字的最后，而如果是女人，那个代表性别的“嫫”字可以加在姓和名字的中间，也可以加在姓名的最后。单从尊重妇女这一点而言，彝族同胞并不比汉族落后，更何况仅在半个多世纪以前，许多地区的汉族女性“嫁夫随夫”，不少妇女连自己正式的名字都没有，什么“李何氏”“郑何氏”“张王氏”等随口一叫，无论是社会地位还是家庭地位都十分低下。

不过，索道运行速度慢也有好处，乘客可以细细地欣赏索道所过之处那丰富的第四纪古冰川遗迹。在缓缓行驶的索道缆车内，我细细地观察着索道下方的地貌地形和植被变化。只见在索道站附近的沟谷中分明堆积着已被河水侵蚀切割过的古冰川终碛垄，上面早已长满了云南松、青冈树和杜鹃一类的灌丛植物；在沟谷两侧海拔3000 ~ 3500米之间的山腰处分布着明显的圈椅状的古冰斗和古雪蚀洼地地形；在长满杂草和灌丛的山坡上还分布着一道一道的水平垄起，好像人为的水平梯地，那是一种典型的冰缘地貌现象，冰川冻土学家称之为“融冻阶地”。索道经过的山坡，时而陡峭，时而相对平缓，这里曾经有一条坡面冰川顺山而下一直流到索道站下方附近海拔2500米左右的地方。在这条古坡面冰川曾经运动作用过的山坡上，自下而上依次生长着云南松林、桤木林、青冈树林、箭竹林、枫树林、橡树林、铁杉林和云杉林，它们或者自成群落，或者彼此混交。从群落的分布看，这里多数都属于次生林。

所谓次生林就是某处原本生长着原始森林，可是经过自然灾害或者人为砍伐破坏后在原来的地方又重新生长出的一些植物群落，但是这些植物群落并未演化到顶级水平，多是一些灌丛和中小乔木，它们无论是林相还是林分都与原始森林有着明显的区别。可以想象，曾几何时，当冰川退去后，经过成千上万年的自然演替，这里一定曾是茂密的原始森林。就在最近的半个世纪内，一支支砍伐大军为了我们国家建设的一时之需以及后来一度过于贪婪的需求，开进了我国几乎所有的原始森林，当然也包括螺髻山，包括眼前冰川迹地上曾经生长的原始森林。一时之间，斧锯挥舞处，一株株历经百年、千年的大树轰然倒下，树砍伐得太多了，干脆连螺髻山下的地名都叫成了“拖木沟”。

在索道上游右前方，几处石海倾斜地“躺”在山坡的上部，四周都被森林所环绕。石海的出现说明我们距离大规模、多形态的古冰川遗迹不远了。便携式GPS（卫星定位仪）上的数据显示海拔高度马上接近3500米，几分钟之后我们终于到达海拔3526米左右的索道终点站。

乘坐索道可清晰看到螺髻山东坡的U型谷。

要识螺髻真面目，必须入得此山中

站在索道终点站的出口向四周望去，只见满目都是重峦叠嶂，渊渟岳峙，顿时有一种山里山外两重天的感觉。北宋大文学家苏东坡在“题西林壁”诗中观察描述庐山时有“横看成岭侧成峰，远近高低各不同。不识庐山真面目，只缘身在此山中”的精彩而科学的文学咏叹。如果站在螺髻山下看螺髻山时，这种描述依然适用，可是一旦进入螺髻山中，这种意境的反差只能用天上人间来形容了。因为恰恰不同的是“要识螺髻真面目，必须入得此山中”。

螺髻山东坡植被景观。

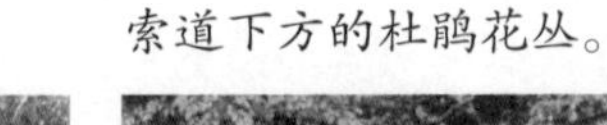

索道下方的杜鹃花丛。

螺髻山索道站附近的古冰斗。

螺髻山融冻阶地。

习习凉风的吹拂让人精神倍加振奋，我恨不能将螺髻山所有的景观地貌一下子揽入怀中。

向上看，那是一座林海苍茫，云海也苍茫，巍然挺立的高山；向下望，那是一片渐渐低下的岚雾如黛，烟绕稼穑，阡陌纵横的坡丘田垄。现今的螺髻山最高海拔不过4300多米，可是当你观察到眼前螺髻山以及整个四周那漶漫的沟谷中一垄垄古冰川堆积物、古冰川泥石流堆积物、山洪堆积物的时候，你是否曾经“神思妙想”过当年的螺髻山或许压根儿就曾经不是山，或者虽然是山，却不是这般地高，而是比现在要高出许多呢?

在经过对螺髻山和螺髻山周围三次考察后，我根据螺髻山地区第四纪以来各种堆积物的厚度，以及平均每年0.1毫米的山体风化下切速度数据，初步估算出它曾经的最高海拔高度要比目前高出100米以上！当然我希望本书的有关读者将来能对这个问题再做一些更加细致的专门研究，因为这的确是一个很有意义的研究课题，而且对普及螺髻山地质历史演变的科学知识也一定会大有裨益。

沧海桑田话螺髻

要讲清螺髻山演变的历史，首先必须要将螺髻山的地质历史翻到距今4亿～5亿年前。那时的螺髻山地区还是一片汪洋大海，随着一次大规模的地壳运动，螺髻山所在洋底的地壳从深深的海洋中“冉冉”升起，同时也产生了南到金沙江、北到泸定的南北走向的大裂隙。沿着这条裂隙，汹涌的岩浆冲天而起，喷出的岩浆和火山灰烬层层地堆积起来，于是形成了当今螺髻山岩石的主体—紫、红、粉、灰等杂色火山碎屑岩、凝灰岩和熔岩。

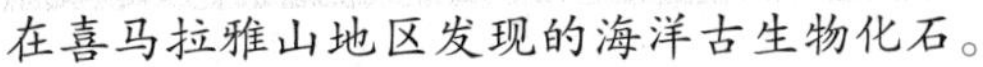
在喜马拉雅山地区发现的海洋古生物化石。

后来，随着岩浆活动趋于平缓，螺髻山的地壳再次慢慢地沉入海底，经历了2亿~3亿年的海洋沉积，在原来的火山碎屑岩、凝灰岩和火山熔岩之上叠加了大约2000米厚的白云岩。紧接着，承载着几多沉浮的火山碎屑岩、凝灰岩、熔岩和白云岩的海洋洋底再次在一次新的地壳运动中发生隆升，并且形成了一个汪洋之中的“螺髻山孤岛”。

斗转星移，在海浪的抚拍击打中，又经历了2亿年的漫长过程，到了古生代晚期的二叠纪后期，包括螺髻山和整个青藏高原在内的地层发生了更大规模的隆升，并且将东南一侧的太平洋和西北一侧的地中海一分为二永久地分隔开来，随之而来的就是又一条南北向的大断裂形成。沿着这条裂隙，大规模的火山活动再次爆发，股股熔岩岩浆像红红的铁流四处漫溢，冷却后形成了厚达2000多米的火山岩（以玄武岩为主）。在距今约1亿年的时候，螺髻山终于巍然矗立于世，只是那时螺髻山四周的海水还未完全退去。昔日的汪洋大海已然变成了一座面积仍然十分可观的内陆湖，湖滨林木葱茏，以恐龙和大型蕨类为优势种群的动植物群落组合构成了当时螺髻山一带最靓丽的生态风景线。和其他恐龙生活的地区一样，到了距今约6000万年的白垩纪晚期，不知道何种原因，地球上所有的恐龙仿佛在一夜之间突然消失，只在红黄色的砂岩地层中留下了一处处体型硕大的化石遗迹。由此推断，在螺髻山周围的红色砂岩地层中，是有可能找到恐龙化石的。

随着地球的继续转动，到了距今2000万年前的新生代中早期，螺髻山周围的大

海拔4359米的螺髻山主峰，属于典型的金字塔角峰。

湖退去了，但还残留了一部分沼泽地。到了距今大约二三百万年以前的更新世早期，随着喜马拉雅第三次造山隆起运动的发生，螺髻山和紧邻的青藏高原一样，“一荣俱荣，一升俱升”，周边的沼泽彻底退去，螺髻山最终隆升定型而成为大凉山的最高峰，山体平均海拔达到了3000米以上。当时的螺髻山主峰海拔接近5500米，而且山脉整体深入到了冰冻圈之中，形成了当时横断山脉主要的冰川作用中心之一。

我们可以设想，自二三百万年之前螺髻山隆高以后，山上就发育了厚厚的冰川，冰川对山体又进行了若干次强烈的下切、侵蚀作用。与此同时，寒冻风化、流水冲蚀也一刻没有停止过对螺髻山的“矮化”过程。要知道，螺髻山以及周围河流下游的数以千万亿吨计的泥沙砾石堆积物都是来自于螺髻山啊！如果将所有这些堆积物归还螺髻山，复原到螺髻山的山体之上，那么当年的螺髻山一定要比现在高大得多、巍峨得多。

巨大的羊背岩。

巨大的古冰川漂砾上的磨光面。

森林环绕的螺髻山古冰川湖。

古冰川石海。

螺髻山景区的游人小道是用西伯利亚油松（上图）或一种变质岩的石板（下图）铺成的。

在导游陈扎和小曾的带领下，我们登上了时缓时陡的人行步道，这是州政府花费3000多万元修建的山中游人小道。从导游图上得知，小道连接着山内已开发的各个主要景点，有杜鹃花林、古冰川湖泊、古冰川磨光面、古冰川刻蚀凹槽，还有瀑布叠水等。

我们漫步在木梯、木桥和青石板路相间的林间小道上，一边考察，一边细细地品味着这世外桃源般的湖光山色。小曾告诉我，修建小道的木料是从俄罗斯进口的西伯利亚油松，经得起雨水的浸泡和岁月的磨蚀；铺路的石板是从甘孜州九龙县购来的，在穿过密林洒下的缕缕阳光的照耀下，石板看上去微微闪现着丝绸一般的润泽。地质学知识告诉我，这是一种产自横断山深处的变质片岩，岩石中含有云母的成分。这种石料软硬适度，色泽宜人，防滑且抗风化。小道堪称与周边环境协调无隙的生态路。我们仿佛不是行进在螺髻山中，而是徜徉于江南的古代园林里。不过这感觉、这心情、这氛围又比那些人造园林强了十倍百倍，因为螺髻山中的一切，包括山水湖河、林木花草、飞鸟走兽都是天造地设的大自然“尤物”啊。

随着林间山风阵阵拂来，我们可以闻到稍带有落叶腐殖质气息的特殊清香味。林间地面的腐叶层间和石砾上生长着各种苔藓、藻缀和地衣。一些悬钩子、兰科和蕨类植物生长在森林下层的空隙处；在森林的中间层生长着以大王杜鹃为主的中小乔木，间或可以看到一些紫皮桦和花楸树穿植其中。大王杜鹃是这一区域中的优势种群，其树干粗硕、树皮紫红、树根虬曲，树叶大小和形状如同五星枇杷。其花期多在每年的五六月间，花色粉嫩中浸润着淡蓝，花朵大如盛开的洛阳牡丹。在螺髻山中，我看到的最粗的一株大王杜鹃胸径达50厘米，树高30多米。

在林中草地上，不时可以见到三五成群的血雉山鸡蹒跚漫步觅食。由于再也没有人为的捕猎，它们似乎旁若无人，很是悠然自得。毛色灰褐的短尾鼠兔滴溜着又圆又黑的小眼睛，像是好奇，又像是警惕地注视着我们这些不期而至的人类客人，稍一走近，它们便会哧溜一声钻入附近的鼠洞不见了踪影。小松鼠们倒是无拘无束地在林间树枝上跳来跳去，你根本不用担心它们会一不小心跌下树来，因为小家伙们都长着一条毛茸茸的大尾巴，那是它们用来在空中自如穿梭的滑翔器和平衡器。

被誉为“杜鹃皇后”的普格黄杜鹃。

粗大的杜鹃树。

虽已是中秋时节，但除了满枝红果的花楸树之外，无论是枫树叶还是桦树叶，却还只是绿中带点微黄，仿佛仍然在留恋远去的春天和刚刚离去的夏天，而极不情愿进入深秋和冬季——这说明螺髻山的水热条件更适合植物的生长发育。使树叶变红的花青素（植物体内产生的一种促使叶片变红变黄的生物化学成分）在螺髻山似乎并不尽职尽责，尽管在一些游人眼中，只有霜侵过后的金黄和紫红才会更加吸引他们的眼球。不过我还是愿意欣赏螺髻山的枫树和桦树那不媚人类之俗的我行我素的性格和品质，尽管它们的冠叶最终还是要在花青素的作用下变为金黄和紫红，只是时间要比别的地方来得迟一些，比我们人类期许的要稍微晚一些。

螺髻山森林王国的主体树种或主宰树种是一种叫作长苞冷杉（*Abies georgei*）的顶级演替群落，与它相邻为伴的还有铁杉、云杉、川滇冷杉和峨眉冷杉，它们彼此友好地依存在一起，共同构成了螺髻山中的暗针叶林带。

第四纪冰川作用形成的冰碛物土壤中含有植物生长所需的十分丰富的矿物质，这也

螺髻山血雉。

生长在路边的鹿衔草。

湿地中生长的羌活。

许正是现代冰川区附近和第四纪古冰川区冰川退缩迹地上植被生长非常茂盛的主要原因之一。感谢螺髻山的古冰川作用，这是因为古冰川作用形成的地形地貌和环境条件，才得以使螺髻山成为川西乃至青藏高原东缘又一处难得的生物多样性基因库。

植物学家刘照光、印开蒲等人曾来螺髻山做过考察研究。相关文献记载，螺髻山仅高等植物就有180余科2000多种，其中珍稀植物有30多种，比如德昌冷杉就属于当地特有的珍稀物种。此外，前面提到的长苞冷杉，以及连香树、西康木兰、三尖杉、红豆杉、领春木、棕背杜鹃、大王杜鹃，尤其是以普格县命名的普格黄杜鹃，都属于国家保护植物种类。

螺髻山现存原始森林11.5万亩。这片广袤的原始森林不仅为西昌和周边的普格、德昌等人类聚居区提供了天然生态屏障，同时也为各种野生动物提供了繁衍生息的乐园。

据中国科学院有关专家的考察，螺髻山现在已知的野生动物有400多种。珍贵的赤鹿，威猛的豹子，长尾的小熊猫，善于攀岩越涧的香獐，像牛又像羊的牛羚……它们自由自在地在这片高山密林中繁衍生息；更有雄健的金雕，珍贵的琵鹭，娇媚的红腹角雉，孤傲的白腹锦鸡，见人不惊的血雉，机警的白头鹞……它们或在云中翻飞翱翔，或在林间嬉戏觅食。这一切，无不显现出螺髻山从冰冻圈退出并进入生物圈之后的勃勃生机。

见此情此景，我不禁又回想起2006年7月与《中国国家地理》杂志的单之蔷、中科院北京植物所的李博生、中科院地理科学与资源研究所的尹泽生等一行考察318国道（川藏线）时提到的“冰川雨林”（glacial rain forest）概念。

螺髻山的古冰川雨林

“雨林”（rain forest）最早专指分布在赤道附近的原始森林。那里降水量大，热量充沛，年降水量高达2000毫米以上，年平均气温多在25℃以上，林间非常潮湿，森林层间结构致密紧凑，林相纷繁复杂，动植物种类十分丰富。像印度尼西亚苏门答腊雨林、南美洲亚马孙雨林都是世界上十分著名的热带雨林。后来，人们又将雨林的概念扩大到亚热带雨林和温带雨林，比如我国西藏自治区境内雅鲁藏布大峡谷雨林即为典型的亚热带雨林，加拿大西部和美国的阿拉斯加就分布着大片的温带雨林。

在我国西藏东南部和横断山一带的季风海洋性冰川区附近几乎都分布有大面积的原始森林，除了1500毫米以上的高降水之外，还承接着丰富的冰川融水的滋养，加上森林土壤多由岩性复杂多样的冰碛物风化而成，土壤中矿物质营养十分丰富，因此那里的原

螺髻山的古冰川雨林。

古冰川雨林的底层植物。

古冰川雨林中的藤本植物。

古冰川雨林中的松萝。

始森林生长得都非常茂密。林中松萝舞拂，藤蔓倒挂，大乔木、中小乔木和灌木占据着不同空间，林下更是各种苔藓、藻缀和菌类生长的乐园，无论其林相还是林分都具有雨林的特征。因此，我在当年川藏线地理景观考察时提出了“冰川雨林”概念。当时无论是李博生、尹泽生还是单之蔷都认为颇有道理。而且事后单之蔷先生还说，此前他在一次赴海螺沟考察时就曾经“冒出”过那里的原始森林具有“雨林”特征的想法。

螺髻山中的暗针叶林和海拔稍低些的针阔混交林也具有“冰川雨林”的某些特征，这显然与螺髻山曾经发育过规模不小的第四纪古冰川作用有关，只是目前没有现代冰川的影响和呵护而已，不妨称之为螺髻山“古冰川雨林”。但是话又说回来，要是螺髻山真有现代冰川，那当然就是冰川雨林无疑，又何须“众里寻她千百度”地去寻找雨林或者冰川雨林的各种构成条件呢?

U型谷与V型谷

冰川侵蚀形成的冰川槽谷和流水切割形成的河谷在地貌形态上有着明显的差异。冰川在向前向下运动过程中，对所过之处的谷地不仅有着强烈的向下侵蚀能力，而且对谷地两侧同样也会产生强烈的侧蚀作用。当冰川退缩后所显露出来的谷地形态在横断面上一定表现为U形，冰川学家称之为“U型谷”或“箱状谷”，也统称为“冰川槽谷”；而河水对谷地的侵蚀力主要表现为垂直向下的切割，其谷地形态在横断面上则表现为上宽下窄的V形，地貌学家称之为“V型谷”。

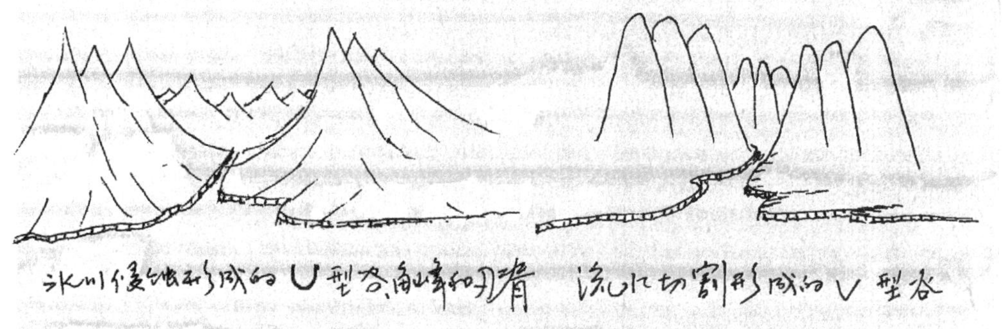

真假古冰川槽谷和刻槽

几十年的冰川科学探险考察，几十年的高原高山攀爬，除了收集了大量的第一手科学资料，我也练就了不怕登高、喜欢登高的习惯和适应能力。无论是在天山最高峰托木尔峰还是在峰珠穆朗玛峰，在那冰峰雪原间，我曾经多次不经意就爬到海拔7000米左右的地方。要不是考察重任在肩，我或许还有能力和专业登山队员一比高低，登上更高的海拔高度呢。

相比之下，在螺髻山海拔3000多米的游山小道上一路走去，就如同在公园里散步一般。虽然我已年过六旬，但走起道来不喘不累。螺髻山中雨林繁茂，湖泊众多，负氧离子含量比较高，这也给我们的考察带来了额外的方便。在快到黑龙潭的一处小桥头，海拔大约3600米的地方，小曾告诉我说，以前有学者曾经将桥下的流水沟定位为“冰川槽谷”。我驻足上下观测了大约20分钟，认为这只是当年冰川流过时冰下河流冲蚀而成的小沟槽而已，冰川消退之后再经过山水和上游湖水的再切割冲刷，早已一改古冰川时代的模样了。再说，观赏螺髻山古冰川槽谷景观要从大处着眼，每一条从螺髻山中流出的河流的中上游都会显现出冰川槽谷形态。凭经验，我还是相信自己的判断。所谓冰川

螺髻山旅游景区登山小道。

生长在冰碛物上的黄绿地图衣，可通过它的生长速度进行年代测定。

作者在研究生长在冰川漂砾上的橘色藻。

槽谷就是U型谷，那是专指冰川曾经侵蚀流过，后来冰川消退而空出来的山谷。以前有学者来考察时因为对冰川作用和古冰川地貌景观的真正特征并不是十分了解，加之山上草木繁盛，氤氲峥嵘，隔着一层植被看地貌，便很难分辨出冰川和流水侵蚀作用的差异。不知者不为过，纠正过来就是了。

过了小桥拾级而上，在我们的左手边，一处景点标牌上写着“三号冰蚀刻槽”字样。走近一看，在沟谷对面的山岩面上的确有一条倾斜的刻槽遗迹。细细一看，这条刻槽是在一处岩层构造裂隙的基础上经过冰川侵蚀之后形成的古冰川刻槽。

冰川刻槽一般都出现在古冰川谷地相对狭窄处。其特征一是具有明显的方向性，也就是说刻槽延伸的方向基本上与当年冰川流向一致；二是刻槽横断面也具有明显的U型形态。冰川刻槽是冰川在通过谷地时冰体对两岸谷壁漫长而强烈的侧蚀作用的结果。如果在刻槽侧蚀处冰体中正好携夹着硬度比较大的冰碛砾石，便会随着冰川缓慢的运动而形成冰川刻槽。伴随着冰川刻槽的一定还有多组冰川擦痕和相应的冰川磨光面。冰川擦痕则表现为“钉型”或“鼠尾”形状：一头大、一头小，一头深、一头浅，一头宽、一头窄。冰川磨光面更似人力所为，它们分布在更广阔的古冰川流过的基岩面上。冰流所过之处，基岩面上光滑如绵帛。

显然，所谓“三号刻槽”并非十分典型

三号刻槽并非典型的古冰川刻槽。

的古冰川刻槽，而是一条构造裂隙加上古冰川作用过的复合型刻槽。

在距离“三号刻槽”上方不远处，我发现了一处更为典型的冰川刻槽。这就是应该编为四号的又一处古冰川刻槽。“四号刻槽”位于黑龙潭出口右侧一处陡峭的岩壁上，海拔高度为3640米，体态细长，槽穴穴口外翻而且十分光滑平顺，长度约为10米；刻槽平均高达1米上下，平均深约50厘米。

螺髻山是我国第四纪古冰川地貌发育既典型又丰富的地区，“货真价实”的古冰川槽谷和冰川刻槽以及其他的冰川侵蚀地貌和堆积地貌比比皆是。“千万千万不可指鹿为马，阴差阳错，人为地‘拉郎配’，一定要定位科学和准确，否则得不偿失。”我这样告诉小曾和小陈。“家有真金白银，对伪钞是不屑一顾的。”我开玩笑地补充道。小陈一边频频点头，一边咯咯地笑了起来。

螺髻山目前已经认定的还有一号巨型古冰川刻槽和二号刻槽。但令人遗憾的是二号刻槽已经被此前建成的一处接待宾馆覆盖了。

最早对螺髻山第四纪古冰川作用考察和认定的时间可以追溯到20世纪30年代。

四号刻槽属于典型的古冰川刻槽。

1938年的夏天，著名地质学家袁复礼教授在对西昌攀西一带进行地质调查时首次对螺髻山地质地理状况作过报道。另一位叫作朱楔的教授也曾沿着清水沟徒步登临到大海子（也就是现今的黑龙潭），称其曰“天池”。他评论道：“庐山有天池，因王阳明之诗而得名；天目山有天池，因郭璞之诗而得名。然庐山天池逼窄，天目山天池淤浅，皆无螺髻山之天池气象：云影天光，颇有一碧千顷之势……”

1964年，在时任中国科学院副院长的著名地质学家李四光先生的亲自指导和安排下，由当时的地矿部门组织人员对螺髻山及其附近地区进行了第四纪古冰川专项科学考察。这次考察成果硕大、收获颇丰，不仅认定了螺髻山有古冰川作用，而且将螺髻山的古冰川作用划分为四期。但由于当时各方面条件的限制，加上当时我国冰川研究的整体水平还十分有限，那次对包括螺髻山在内的一些古冰川地貌景观体的认定不可避免地出现了一些误会和偏差，比如对冰川槽谷和冰川刻槽的精确界定，还有冰期的划分，等等。

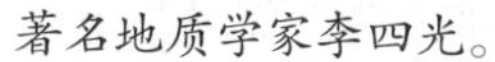

著名地质学家李四光。

著名地质学家袁复礼。

叹为观止的古冰川湖泊

螺髻山现存大小古冰川湖泊33个，它们分布在螺髻山主峰周围各条山谷的中上游部位。

冰川侵蚀湖泊是冰川湖泊的一种。冰川湖泊包括现代冰川系统中的冰面湖泊、冰内湖泊和冰川退缩后形成的冰碛堆积堵塞湖泊以及冰川侵蚀湖泊。冰川向下向前运动时产生对谷床基底的淘蚀形成盆状负地形，随着气候变暖、冰川退缩，原来的冰下负地形盆地储水而成湖泊，称之为冰川侵蚀湖。当然也有冰川退缩后留下的冰碛物，在盆地出口叠加堵塞形成的冰蚀冰碛堆积双成因冰川湖泊。螺髻山中不少古冰川湖泊属于典型的冰蚀湖泊，也有一些属于冰碛堆积堵塞湖泊，还有一些属于冰川侵蚀和冰碛物堆积堵塞双成因冰川湖泊。

我们眼前的黑龙潭就属于典型的古冰川侵蚀湖泊。

黑龙潭原名“大海子”，旅游开发后，根据附近彝族同胞有关大海子中有过黑龙出没的传说，将大海子改名为黑龙潭。其出水口海拔3650米，正常年份水域面积可达35公顷，是螺髻山现存古冰川湖泊群中较大的一个。

关于黑龙潭，当地流传着一个神话传说。这个传说和世界上许多民族的许多传说一样，实际上都是在当时无法用文字记载的条件下对某些气候环境变化等自然现象的历史记忆。

西方有诺亚方舟的传说，中国汉族有洪水滔天的传说，也有后羿射日的传说，螺髻

黑龙潭是一个非常典型的古冰川侵蚀湖。

山更有冰雪消融、赤地千里、山洪频发和阿鲁射月射日的传说。这些传说，无一不与地球第四纪以来温度上升、气候变暖、冰川后退、洪水漫地等自然灾害现象相关。其实人类的这些传说真实反映了大约12000年以前地球气候变暖、冰川突然大规模解体，从而使地球进入所谓“冰后期”的“全新世”的地质历史事件。当时地球北半球真的是烈日当空，北美、北欧以及中国大部分冰川都在不长的时间内严重退缩或者消退殆尽。曾经覆盖到西伯利亚甚至中国东北大小兴安岭一带的大面积冰盖全部消失，四川海螺沟所在地摩西台地就是那时候贡嘎山冰川大规模消退引发的冰川泥石流堆积而成的。螺髻山东坡则木河西岸一个连一个的扇形倾斜台地，也是当时螺髻山中冰川消融产生的冰川泥石流冲出山口所叠加形成的冲积地貌，包括目前螺髻山镇所在地拖木沟台地以及台地上那数以千计万计的冰碛漂砾，无一不是那个时期气候环境变化的产物。

考察了几处典型的冰川刻槽之后，我们登上了黑龙潭湖泊的堤岸。湖滨绿树环绕，湖中碧波荡漾。透过南岸那婆娑的原始森林，隐约可见自上而下有两道古冰川侧碛垄地形地貌，说明数万年之前眼前的黑龙潭一定是冰封雪盖。从螺髻山主峰区一路蜿蜒流来的山谷冰川，几经跌宕到了黑龙潭一带变得相对平缓起来，形成了又一个圈椅状的冰雪盆地，粒雪和冰体壅高增厚，那厚度就和左岸隐现的侧碛垄的高度一样，目测之下最少也在200米左右。换句话说，黑龙潭就是当年200多米厚的冰川，在历经数以万年计以上的时间里一点点地淘挖侵蚀才形成的湖盆地形。

和南岸形成反差的是，北岸树木不多，当年古冰川形成的侧碛垄地形地貌不仔细观察是看不出端倪的，因为从又高又陡的阿鲁崖滚落而下的石碛形成了一个又一个的石海和倒石锥，它们不仅湮灭了古冰川侧碛垄的形迹，而且还限制了整个坡地上的植被的生长和发育。受寒冻风化的影响，不仅是阿鲁崖，包括螺髻山主峰在内的海拔4000米以上的山峰山体每时每刻都会有松动的石块沿坡滚下，自然堆积成石海和倒三角形的石碛地貌，也就是所谓的“倒石锥”。除了寒冻风化的因素，山体的隆升也是形成倒石锥的原因之一。从地质构造理论上讲，山体隆升的新构造运动越剧烈，山体侵蚀剥离的强度就越高，速度也就越快。从螺髻山发育的倒石锥来看，螺髻山目前依然处于比较强烈的新构造隆升状态中。这种隆升的幅度虽然用我们人类的肉眼看不出来，但却可以通过类似新鲜而发育的倒石锥等现象去推测和论证隆升现象的存在。

黑龙潭出口有一道基岩坎横断沟谷，当年冰川从此处翻流而下，不仅在下游方向造就了几处典型的冰蚀刻槽，而且就在眼下的基岩坎上留下了规模巨大的羊背岩和冰川磨光面以及多组冰川擦痕。不过令人十分惋惜的是，就在这典型的古冰川羊背岩和磨光面

黑龙潭中的古冰川漂砾。

冬季的黑龙潭。

上却矗立着一栋接待游客的现代化宾馆。“太奢侈了！”我一边感叹一边给小曾、陈扎和刘乾坤讲解了冰川磨光面和古冰川的关系，“要是这样的冰川磨光面出现在内地某些大都市附近，那就身价百倍千倍了。”我不无感慨。

在黑龙潭中有两处水中石质小岛，以前有人说那都是古冰川漂砾，但实际上一处是漂砾，另一处则是古冰川“羊背岩”（sheepback rock）。

羊背岩这种冰川侵蚀地貌，在南北两极冰盖边缘冰川退缩后露出来的基岩岛上或基岩台地上随处可见，一般长度为几十米，也有长达几百米、几千米的，规模宏大，十分壮观。在中国大部分山谷冰川发育的地区虽然也能看到这种景观，但像螺髻山这样如此典型、集中，规模巨大、数量繁多的羊背岩，即使对我这个去过世界上大多数冰川区的冰川研究人员而言也非常震撼。后来的考察证明，黑龙潭水中的这处羊背岩仅仅是螺髻山中羊背岩大家族中的小兄弟而已。其实，黑龙潭所在的谷地中自源头到清水沟出口之间的所有小山丘几乎都属于羊背岩景观形态。不仅如此，整个螺髻山所有古冰川谷地

黑龙潭湖中的羊背岩，被红顶的宾馆覆盖的是另一处规模巨大的羊背岩。

羊背岩是怎样形成的

"羊背岩"或称"鲸背岩"，也是一种非常典型的冰川侵蚀地貌景观，因其形状酷似鱼贯行走的羊群或鲸鱼的背脊而得名。当冰川向前向下运动时，冰川会对所流经的基岩谷床产生磨蚀夷平作用。如果基岩硬度较大，冰川会一边超覆运动一边磨光侵蚀。其中对较硬基岩的迎冰面主要以压磨、压蚀为主，对基岩的下游面，也就是背冰面以拔蚀为主，所以羊背岩的上游面也就是迎冰面平缓光滑像羊背，而背冰面也就是下游面坡度较大而且相对较为粗粝似羊颈。

当冰川向前向下运动时，一定会对所过之处的基岩谷壁和谷底的基岩谷床产生说动不动、说静不静，说强不强、说弱不弱，说大不大、说小不小，但却是持之以恒、一以贯之的侵蚀作用。当冰川退去后，在古冰川谷地两侧的谷壁上就会留下冰川磨光面和冰川刻蚀凹槽，而在古冰川谷地底部的突起部位就会显现出一块块因冰川侵蚀形成的羊背岩。自然，在这些羊背岩上也会观察到光滑平展的磨光面和一些有一定方向性的古冰川擦痕。

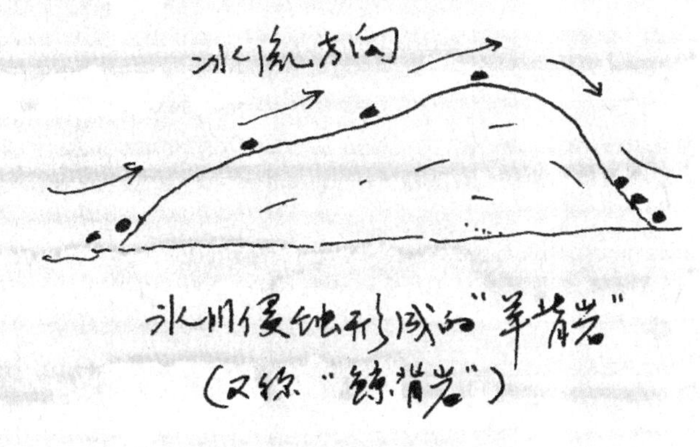

被原始森林覆盖的巨大羊背岩。

景区中风化后的羊背岩。

黑龙潭两岸反差强烈，北岸可见到石海和倒石锥，湖中小岛为羊背岩。

中残留的石山、石丘也几乎都属于羊背岩地貌。黑龙潭出口两边的山丘是，黑龙潭出口处建成的游人接待宾馆所在的基岩面更是一处美丽的羊背岩，可惜当年规划设计时“慧眼”未能识珠，把一个好端端的“下山羊”或者隐没在莽莽林海中的“鲸鱼”背脊永远封埋在了现代化的钢筋水泥建筑之下，包括那条典型的“二号古冰川刻槽”。

沿着黑龙潭湖滨游人小道，步行约莫20分钟后，我们登上又一处盘山步道。翻过山梁后，眼前出现了两个相连相通但却各成水域的湖泊。小陈告诉我，这就是“牵手湖”。

牵手湖是两个并列的古冰川湖泊，湖水较浅，水域面积一大一小，两湖之间有凸起的基岩背（可能是又一处羊背岩）和古冰碛物相隔，靠下游方向的湖泊出口的堤坎则是由古冰碛物堆垒在基岩坎上而形成的。

根据现场考察大致可以判定，在1万多年前螺髻山冰川大规模退缩之前，牵手湖所在地也是一处规模较大的冰川积累盆地，在冰川和粒雪的淘蚀下形成了连体负地形洼地，后来冰川退缩便形成了现在的牵手湖。但由于在冰雪融水和雨水的携带下，很多的冰碛物充填到了湖中，湖水水域变小，冰碛物盖在了磨光的基岩坎上，所以乍一看好像是由古冰碛物堵塞而形成的湖泊。

在青藏高原或川西高原随处可见许多古冰川湖泊，有呈片状分布的，有呈网状分布的。甘孜州乡城、稻城、理塘和阿坝州黑水县达古沟上缘一带的古冰川“海子”，就像跌落玉盘的大珠小珠一样，大大小小成百上千，那多半是古冰盖冰川的产物：巨硕厚大的冰盖在向四周较低处运动时，在冰体的压蚀和冰融水的洄流旋蚀作用下形成了一个连一个的高原冰蚀湖泊，这与螺髻山中的冰川湖泊形成机理大致一样而又不完全相同。在冰盖条件下形成的古冰川湖泊几乎都在一个平面上呈辐射状片网形分布，而且湖泊的规模很小，有的小到只有几平方米；而螺髻山中多数冰川湖泊自上而下呈串珠状分布，具有明显的单向性，而且冰川湖泊的水域面积比较大。黑龙潭实际上就可以成为自成体系的独立景观区，而像牵手湖这样并列出现在谷地中的姊妹湖倒也别具一格，可见当年螺髻山古冰川对地貌的侵蚀、“雕塑”作用是多么强烈而又丰富多彩呀！

后来的螺髻山主峰区考察发现，在螺髻山中像眼前这样的牵手湖或姊妹湖不止一

牵手湖形似情侣牵手，传说见此美景，百兽为之震撼，在湖后坐化成十二生肖山脊。

牵手湖周围是茂密的原始森林，湖畔杜鹃花盛开（上图、中图）。在枯水期，大湖和小湖会因缺水而分离（下图）。

处。即使是目前，要是山中雨水多，上游来水流量大，牵手湖水偶尔也会上涨漫过突起横亘在两湖中间的冰碛堤进而彼此相连，好像一对久别的情人终于见面把手相拥；要是雨少水浅，两湖又不得不复归分离，两相顾望而不得近身。要是遇到长年天干少雨或无雨，湖水甚至会干涸消失。牵手湖的名字真的既浪漫又科学，让人有许多的想象空间。

随着时间的流逝，包括黑龙潭在内的山间古冰川湖泊，无论是冰蚀湖泊还是冰碛湖泊，终究会被时间这位宇宙间真正的主人所填满夷平，眼前的牵手湖所处的状况只不过表明这一天来得可能早一点而已。为了延长这一类古冰川湖泊的寿命，提高景区水景的品位，可以对湖水中的淤泥砂石、古冰碛石块以及流入湖中的朽木、腐殖物等进行清理掏挖，将其中的多余石砾再叠放到湖泊的出水口，但一定慎用钢筋水泥等现代材料，否则会事倍功半，给景区景观留下难以治愈的硬伤。

离开牵手湖向左行不远，我们又见到一个已然干涸的古冰川湖泊的残迹遗址。起初我把它认定为古冰蚀洼地，但仔细分析后更觉得这是一处退化了的古冰川湖泊。只要对它进行适当的人工科学修复，还可以重现当年的湖泊风光。

事实上，远古时螺髻山中的古冰川湖泊肯定不止33个。要是有机会进一步深入考察，我相信一定会发现更多退化了的湖泊遗迹。换句话说，在我们人类的科学规划和科学干预下，螺髻山还可以还原出更多更美的古冰川湖泊。

转过一段林间小道，又一处别具特色的古

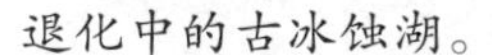

退化中的古冰蚀湖。　退化的古冰川湖逐渐被填平。

黑龙潭的传说

那还是螺髻山主峰区万年冰雪还未完全退尽的远古时代。不过当时山中大部分地带已经退出了冰冻圈的束缚，山谷冰川都纷纷后退变小甚至消失，包括黑龙潭在内的山间湖泊在仍带冰雪余寒的山风吹拂下碧波荡漾，湖的四周也慢慢长出了葱茏茂密的森林，各色美丽的杜鹃花盛开时与波光粼粼的湖水相映成趣。

螺髻山的冰川虽然已经消退，但是螺髻山高高的山峰上仍然终年积雪不化。就在那冰雪王国的中央却是一处雪莲花和索玛花（当地人对杜鹃花的称谓）竞相盛开的美丽的地方。在芬芳四逸的雪莲花和索玛花的簇拥中，一位名叫蒲嫫里依的彝家姑娘出落得亭亭玉立，像雪莲花一样冰清玉洁，像索玛花一样美丽善良。一天中午，沐浴着雪山阳光的蒲嫫里依姑娘正在欣赏那像冰雪一般洁白无瑕的雪莲花和美丽的索玛花，突然一只神鹰从蓝天上款款飞来，利用神力将三滴饱含着日月精华的神血滴入了姑娘体内。

不久，姑娘怀孕了。十个月后，蒲嫫里依生下了一个英俊可爱的男孩。可是从未嫁人结婚的蒲嫫里依却无法面对族人那怀疑且带有羞辱的目光，更无法解释到底发生了什么事情。于是，在族人族规的威逼下，她强忍着无尽的悲愤和委屈将刚刚出生的孩子推入山下的湖泊中。仿佛上天早有安排，住在湖中的黑龙从水中一跃而起，在半空中稳稳地接住了男孩，将其收养在自己身边，并取名叫支格阿鲁。

阿鲁长大后力大无穷，身体非常健硕。那时的螺髻山以及大小凉山一带的天空中有五个太阳、七个月亮，虽然有善良的黑龙利用山中湖水去调节当地的风霜雨雪和气候变化，但是那么多的月亮使得这一带昼夜难分，那么多的太阳让这一带酷暑难忍。

海拔3950米的阿鲁崖，传说是彝族创世英雄支格阿鲁的出生地。

眼看山中的冰雪就要融化完了，融化的冰雪水咆哮着奔流而下，洪水冲毁了山下的村庄，冲毁了则木河两岸的牧场和农田，人们苦不堪言，却又求助无门。这时已然长大成人的阿鲁不忍心看到乡亲们在这水深火热、洪流漫灌的境况中生活，于是在黑龙的支持下，借助神力，一举射落了四个太阳和六个月亮。从此，彝族同胞们终于迎来了四季分明、风调雨顺的好光景。为了纪念这位救苦救难的英雄和抚养他的黑龙，当地人将蒲嫫里依抛下他的山岩取名为阿鲁崖，阿鲁崖下的湖泊自然叫作黑龙潭了。

冰川湖泊出现在我们的面前，这就是有名的“仙草湖”。

仙草湖水域面积比黑龙潭小，湖周山林掩映，湖中水草绰约。要是山风一来，岸边林涛阵阵，水中倩草婀娜，山林绿浪滚滚，湖波翻泛荡漾，真是一幅动态风景画；如果风平浪静，蜿蜒在靠近湖滨一带的水草和静静的一湾湖水阴阳相套，好似一幅地作天成，镶嵌在螺髻山中的太极图案。

向湖的下游方向望去，只见两座高约百米的基岩山丘如趴伏在湖岸边的巨大动物，仿佛有人高声咳嗽一声就会如脱兔一般地奔离而去。这些脱兔形状的山丘正是前面已经提到，以后还要多次提到的巨型古冰川羊背岩或者鲸背岩。

如果仔细观察，我们还会发现羊背岩的背面（也就是当年的迎冰面）的光滑度比下游面（也就是当年的背冰面）的光滑度高。这是由于冰流对迎冰面的岩石所产生的侵蚀作用主要以压蚀和磨蚀为主，而在羊背岩的颈部（也就是背冰面的地方），当年冰川的侵蚀作用主要以“拔蚀”为主，因此略显粗糙和陡峭。在羊背岩的下游“颈部”位置还可以观察到一些新月形“劈理”小构造景观，这自然也与古冰川的“拔蚀”作用相关。如果搞通了古冰川作用的原理，再和现场古冰川地貌景观加以细细比对，一定会悟出许多“柳暗花明又一村”的奇妙结果。

一般游客毋庸置疑地对湖景水景树景花景欣赏有加、流连忘返，或细细品味，或驻足观望。可是，如果他们知道螺髻山中这些不说不知道一听真奇妙的小山包和山谷中的凹槽、磨光面、擦痕、劈理等都是当年古冰川存在的有力证据和唯有冰川才可为之时，一定会花更多的时间和精力去慢慢考察和思索大自然的伟大与神奇，去想象地球母亲给我们人类创造了多么丰富多彩的地貌奇观。

试想，和基岩相比，冰川是多么“柔弱”，基岩又是多么坚硬。但“柔弱”的冰川怎么就能够像变魔术似的把比自己强硬若干倍的岩石磨光削平，甚至刻成深槽呢？答案就

神奇而美丽的仙草湖。

仙草湖鸟瞰。

仙草湖中的“太极”图案。

是“时间”！世界上的万事万物，甚至整个宇宙之中，真正的主人是谁？有人说是我们人类，有人说是上帝，有人说是大自然，可是在我看来，主宰这个世界的真正主人是时间！其他的一切一切，包括人类，包括人类居住的地球，在时间面前统统都是过客而已。螺髻山的古冰川遗迹就是证据，黑龙潭、牵手湖、冰川刻槽、羊背岩和羊背岩上的磨光面、擦痕、劈理等就是明证。

我们的祖先很聪明，一句“悠悠岁月”科学而文雅地道出了对时间的精准认识。岁月者，时间也；悠悠者，永远也。在等级森严的封建社会称皇帝也才“万岁”而已，只有对时间才有真正的敬畏，那就是“悠悠岁月”。悠悠岁月造就了宇宙，造就了地球，造就了人类，造就了螺髻山，造就了螺髻山的古冰川以及壮丽的古冰川地貌景观。

仙草湖对岸的巨型羊背岩上早已布满了云杉、冷杉、杜鹃和岳桦等组成的原始森林。在原始森林的掩映下，仙草湖的出口隐约可见一些古冰川漂砾堵塞其间，湖水从冰碛漂砾和杜鹃根系中打着漩、泛着白色浪花向下游流去，似乎显得特别欢快高兴而又有些依依不舍。

站在湖滨回望，又一阵山风袭来，湖水荡漾，水草漂动，闪亮的湖水和环状的水草组成的“太极”图案神奇得令人兴高采烈，浮想联翩。要是风轻云淡，静静的湖水倒映着蓝天白云和古冰川雨林，游人驻足其间，一定会说不清楚自己到底在天上、在水里还是在人间。

不过我此时又生出了另外一个问题，要是将螺髻山这处海拔3700多米的仙草湖置身于江苏太湖或者云南滇池旁边，某些环保人士都会信誓旦旦地认为这是由于人类的污染所导致的气温升高、气候变暖造成的“富营养化”的严重后果。可是在这原始状态下的高山古冰川湖泊中何来人类污染呢？后来一问景区管理局的日海补杰惹局长和其他相关人员，原来螺髻山人自有他们自己的解释和说法。

实际上，螺髻山中类似仙草湖这样的古冰川湖泊中大量生长水草的现象不止一处，仙草湖不过最为典型而已。湖岸山坡上自古冰川退缩后便慢慢地长出了原始森林和草灌植被。年复一年，一些植物个体自然会周期性地倒下死亡。死亡的草木变成了腐殖质，其中一部分被新长成的植物作为营养所吸收，一部分则被高山季节融雪水和雨水冲入湖中。如果湖泊水域有限或来不及将这些腐殖质排走和稀释，久而久之，湖水中的营养物质就会过剩，再经风和鸟儿们的无意传播，一些植物的种子落入湖中，天长日久，一片片水草便在这波光粼粼的湖水中繁衍开来。

由于湖泊水域不会继续扩大，湖泊不能继续加深，反而因为淤积、气候变干雨水

仙草湖畔的两处巨型羊背岩。

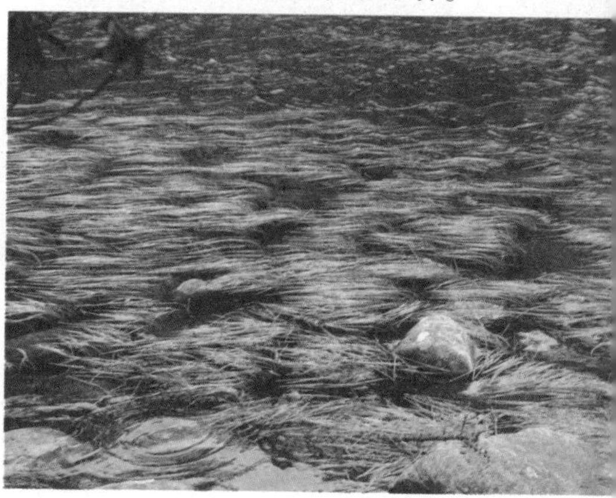

仙草湖中的二级保护植物水葵。

森林中自然死亡的草木使湖泊富营养化（上图），湖泊中长满茂盛的水草（中图）。如没有人为干预，像仙草湖这样的古冰川湖泊最终将变为沼泽或森林（下图）。

减少导致湖中的水越来越少，而水草却越来越多，以至于最后只见草不见水或少见水，原来的湖泊变为一片沼泽地。其实，类似四川阿坝的大草地、青藏高原许多大湖盆周围的沼泽草地都曾经经历过这种沧海桑田的变化过程。

如果人类没有特别的需要，包括螺髻山仙草湖在内的这些变化都是一种正常得不能再正常的自然演替现象了，千万不可动辄就和所谓人为的污染和气候变暖无端地联系在一起。甚至可以这么说，即使没有人类出现，没有人类的工业化，再进一步说，即使没有气候变暖，螺髻山的古冰川湖泊同样会因为自然淤积变得越来越小，枯死植被的腐殖质同样会使湖水中的营养化程度越来越高，湖泊最终都会变为草地或林地。当然在不影响生态平衡的前提下，人类可以通过清淤、提高水位等措施进一步优化湖泊景观的生态环境，使螺髻山中的古冰川湖泊水长清、水长流、水长美。毕竟，我们人类还得要相信我们人类自己具有不可取代的智慧和科学技术手段。

当然不可否认，云南滇池的严重污染、江苏太湖的绿藻爆发肯定与人类活动密切相关。最近300年尤其是最近50年以来，人类极端本位、自私的种种“恶行”的确给我们的环境造成了极大的破坏，而且有的伤害也许永远都无法挽回、无法修复。不过科学家们不仅要研究和提醒人们去关注人类活动的影响，而且也要或者说更应该去关注和研究地球环境演化的更深层次的发生机理和科学原因。但包括一些科学家在内，许多人宁肯相信目前的气候暖化完全就是由于人类所为，是人类释放的工业废气、二氧化碳、二氧化硫以及“氟利昂”一类的制冷剂在起决定性的作用。如果真是那样，也许事情就好办多了，也简单多了。大不了把地球上所有排放废水废气的工厂企业一关了事。如果真的关掉所有被怀疑可能引起“温室效应”的工厂，停开所有的汽车，甚至说得极端一些，我们人类的生活方式干脆退回到300年前的非工业化时代，可是如果气温仍然居高不降，并持续上升，那该怎么办呢？也就是说，地球目前发生的一切根本就与人类活动关系不大，人类活动仅仅是一种巧合性的叠加而已！因此我们人类千万千万不要一叶障目，不要因小失大，不去关注和研究引起地球目前升温变暖的真正的科学原因，比如地球本身的原因、太阳系的原因，甚至是宇宙系统发生某些变化所致的原因，而是简单地将其归罪于人类的不当行为。否则，也许在某一天真正的大灾难来临时，人类就会变得手足无措，无任何应对的能力，那才是最悲哀的结局。

在这里不妨将我2003年发表在《科学新闻》第10期上的《气候变暖，冰川消失？》一文节略于此，也许对于读者朋友从更加广阔的视野，更加科学深刻地认识和了解目前地球气候变暖，以及螺髻山展示的包括仙草湖在内的许多地貌环境现象会有一些帮助，并作为一家之言供读者参考。

近20年来，科学界经常谈论到一个普遍话题，也是一般老百姓十分关注的一个话题：在人类文明进步的同时，生态环境的不断恶化，工业化和现代化战争造成的污染，二氧化碳含量的增加和臭氧层的破坏使得气候变暖、气温升高、冰雪融化似有不可逆转之势。可是，我却以为大谬不然。

我到过中国绝大多数冰川区，曾赴南、北两极进行过冰川科学考察。作为一位冰川与环境科研工作者，我自然十分关注地球上（包括南极、北极和青藏高原）的每一条冰川的动态变化和地球环境沧海桑田的历史演替，同时也十分关注气候变暖给冰川及冰冻圈层带来的影响。

记得20世纪80年代中期，在海拔6500米的西昆仑冰川上，我曾和日本著名冰川学家樋口敬二教授讨论过这样一个问题：“日本本土并无冰川分布发育，日本科学家何以对冰川研究如此感兴趣？”我指的是日本政府不仅在南极有昭和、飞鸟、瑞穗等科学考察站，在北极建有北极地域观测站，在尼泊尔的兰坦喜马尔等中低纬地区也建有一些高山冰雪观测试验站，而且还和中国、俄罗斯、美国、加拿大等分布有现代冰川的国家进行多层面的冰雪合作研究。仅20世纪80年代以来就和中国科学家先后在西昆仑山、天山、唐古拉山、念青唐古拉山、祁连山、喜马拉雅山和横断山等著名冰川区进行过联合科学考察和研究。在日本国内，除东京大学、京都大学、名古屋大学、北海道大学、神户大学等著名高等学府有专门从事冰雪研究的部门及专家之外，在东京还成立了由日本文部省直属领导的日本极地研究所，专门负责每年日本派往南、北两极进行科研活动的组织、管理和后勤保障，可见这个亚热带岛国对冰雪世界的关注非同一般。

樋口教授以十分忧虑的心情对我说："日本是一个四周都被太平洋水域所包围的岛国。日本的绝大多数大中城市都濒临大海，比如东京、神户、横滨、大阪、名古屋、福冈等都建立在海滨海湾之上，海拔在几米到几十米之内。这些城市不仅人口密集，而且都是日本政治、经济和文化的中心，东京更是日本的首都。一旦地球上的冰川融化，海平面上升，日本将首当其冲……日本富士山虽无冰川，但地球上的冰川融水却会'水漫富士山'……"

像樋口先生这样具有强烈生存危机意识的日本科学家，把问题想得严重些，是可以理解的。其实，不仅在日本，就是在中国，在长达18000多千米的海岸线上也分布着上百座大中城市，这些都是我国人口密集之地。大连、天津、青岛、上海、杭州、厦门、广州、香港、澳门和深圳等城市的海拔都在20米以内。就是首都北京，以及南京、武汉，虽看似和海洋有一定距离，但其海拔却都在山岳冰川和极地冰盖融化的"水漫"之列。更何况我国除大陆之外，更有海南、舟山、台湾等大小岛屿5000多个呢。要是真有那么一天，岂不真成了"江河横溢，人或为鱼鳖"了吗？

冰川消融形成的冰面河流景观。

地球上的气候真的会变暖变热到使所有的冰川雪山完全融化或大部分融化？

如果南、北两极冰盖都解体了，那像珠穆朗玛峰地区这样的中、低纬度极高山地的冰川定将不复存在。占地球淡水总量90%以上的南极冰盖、北极地区的格陵兰冰盖和地球上所有的山岳冰川真会完全解体流入海洋致使洋面升高50 ～ 70米吗？

从理论上讲，任何事物包括地球本身都存在着发生、发展到消亡的过程。冰川更逃脱不了这种宇宙中亘古不变的规律。但我们这里谈论的时间尺度只是界定在我们人类发展中一个相当长的历史距离之内，或者说就目前所能研究、观测到的世界范围气候变化的趋势之内，比如说1万年。1万年以来也就是地球地质历史时期最新时段即全新世，全新世也正是自“人猿相揖别”以来我们人类文明进程最发达、最快速和最辉煌的时期。这期间地球上的气温也有几次较大的波动，波动幅度为3 ～ 6℃，但还未发现有南极冰盖解体，中低纬度像喜马拉雅这些极高山区和高山区的冰川完全融尽的迹象。

作者在珠峰考察。

按大陆漂移学说的观点，近一个多世纪以来在南极发现的动植物化石和煤系地层的存在也证明了南极洲原本不在现在“居住”的位置。大约在2亿年前，它原来是与澳洲、亚洲和非洲连为一体的，曾几何时，这里也是森林密布、动物成群、河川纵横。可是在4000多万年前南极这块“热土”却脱离了亚非大陆主体，向南方漂去，并在地球的南端“定居”。于是森林消失了，动物消失了，一切有生命的生物群落终于被一望无际的银色的冰雪世界所覆盖。

南极洲虽然降水量不多，多数地带年降水量在50毫米以下，有人将之称为“冰雪荒漠”。在南极冰盖内陆上，太阳辐射极其微弱，极度寒冷，因此降到地面的雪几乎不产生融化。在地球引力的作用下，雪层一年一年地增厚并且产生重力重结晶作用，于是雪慢慢变成了冰，并缓慢地向冰盖四周运动。当这些冰盖冰运动到冰盖边缘海陆交界处时，由于气温有所升高也有融化现象发生，但南极冰盖的主要物质支出方式却远远不是融化，而是当冰体运动到海面上形成所谓陆棚冰架（ice shelf）时，因为海水的顶托而

因气温升高规模逐渐变小的珠峰冰塔林。

断裂（海水密度大于冰体，于是便对陆棚冰架产生浮力顶托作用），断裂的冰体形成冰山（iceberg）漂向中低纬度的大洋，最终融入海水之中。所以，无论是位于西南极著名的罗斯冰架还是南极周边所有的陆棚冰架，由于受海水的浪蚀和顶托作用，终究是要脱离南极冰盖主体而融入大洋之中的。不论气温是升高还是降低，它们都要缓慢地、不间断地沿着这条运动学的法则走下去，由此控制着冰盖自身的规模并不断地向大洋补充着水源。

气温升高，或许在一定范围内还对南极陆棚冰架的保存利多弊少呢。这是因为，冰川冰既非流体也非刚体，而是带有一定脆变性能的黏滞流体。当气温升高时，冰川体脆性减弱，黏滞度增大，更能抵抗海水顶托作用下的断裂威胁，更能长久地与冰盖主体保持连接在一起的整体性，这对于冰盖体的冷能储备、抗气温升高而降低消融强度的能力无疑是有所裨益的。

气温升高、气候变暖到底会对南、北极冰盖和中低纬度大陆山岳冰川的动态变化产生些什么影响？

众所周知，冰是水的固态相变体。换句话说，当水温达到0℃时，就会冻结成冰，而当冰温达到0℃时就会融化成水。

可是，世界上只有极少数冰川的冰温处于0℃状态。比如我国西藏东南部的现代冰川的冰温都接近于0℃，四川的海螺沟冰川也属这一类（螺髻山的古冰川也应该属于冰温接近于0℃的暖冰川）。对这样一类的冰川而言，在大气降水量变化不大的前提下，当地球平均气温升高3～6℃，其中下游部分都将处于退缩变薄甚至消亡的过程中。但由于受冰冻圈的保护，这些冰川的中、上游仍将继续生存下去。道理很简单，比如四川海螺沟冰川目前末端海拔高度为2980米，假定地球平均气温升高3℃，按自由大气中气温随海拔升高而递减（递减速率平均为0.6℃/100米）的规律，目前的冰舌末端只需升高到海拔3480米处即可重新处于稳定状态；如果将来地球平均气温升高6℃，那么海螺沟冰川末端只需退回到海拔3980米处即可再次处于稳定状态。可是海螺沟冰川海拔最高上限达7556米，它怎能够说消失就消失呢?

1987～1988年，我在南极考察深入内陆1000多千米的瑞穗高原时测得浅层雪坑剖面冰层温度在-30℃以下，这还是南极的夏天。要是在南极内陆的冬半年，其冰温更低。20世纪60年代，原苏联的南极东方站曾测得南极冰层表面气温低达-89℃以下。试想，仅凭地球平均气温升高3～6℃，最多也只是提高南极冰盖的冰温而已，还远远不能达到冰体产生分崩离析的0℃融化状态。不仅南极冰盖如此，就连我国一些中低纬度的山岳冰川也是如此，比如西昆仑冰川冰温低达-9～-15℃，喜马拉雅中西部的珠穆朗玛峰北坡的冰川冰温低达-6～-10℃。且不说极高山体已远远地深入冰冻圈层的保护之中，即便气温升高3～6℃，也仅仅是将它们的冰温提高或接近融化状态的临界温度区间而已，仍达不到使其“冰河日下，江山为之变色”的地步!

如果在人类漫长的历史长河中真正遇到冰消雪化、江河横溢的没顶之灾，一种可能是地球上发生某些引起气温大幅回升的灾难性变故，这种变故所产生的热量足以将数以千万平方千米（南极冰盖面积为1300万平方千米，远远大于我们中国大陆内地的国土面积）的南北两极及中低纬山岳冰川的冰温提高到融解状态的0℃，而且还能使它们发生相变，即将0℃的冰川再变成0℃的水。这样的结果必然使地球平均气温升高到人类和所有生物几乎无法适应和生存的界限，也就是说绝不止升高3～6℃，而是也许升高到30℃以上了。那时，地球上消失的将不仅仅是冰川和雪山，人类本身早在这个过程之初就不复存在了。

南极冰雪世界。

冰川差别消融后形成的冰蘑菇。

要想使极地冰盖和高山冰雪完全消失的另一种可能就是南极大陆重新漂回到温带、亚热带甚至热带地区，将海拔5000米以上的山地重新降低到不足以发育冰川的高度。这种可能性当然存在，但我相信这大概也不是人类历史长河中所能看得见的事实，而是地质历史长河中才可能出现的极端事件了。

气温升高，无疑意味着冰雪消融强度的增加，但世界上任何事物都有它的双重性。殊不知，冰雪的消融必然要消耗更多的热量，这无形之中却一定程度地限制了气温的进一步升高。须知，冰川是一定地形条件下气候的产物，同时，冰川也是气候冷暖变化的一个天然调节器。再者，如果真有那么一天，包括南极在内的冰川都融化了，那么融化过程不仅将使地球气温重新变得凉爽宜人，而且一个新的无冰雪覆盖的大陆也就诞生了，这对人类来说也许还是难遇难求的一件好事呢！与此同时，冰雪融化了，洋面增大了，用于洋面蒸发的热量消耗增加了，地球上的热对流交换的增强将促使降水量的增加……这一系列过程无疑都会使升温的地球重新变得温凉起来。稍有物理常识的人都熟知，使1克水当量的冰的温度上升1℃所需的热量为1卡，而1克0℃的水当量的冰要融化成0℃的水这一相变过程所需的热量则为80卡。试想，要想把比中国面积还要大，平均厚度为2500米以上的世界上所有的冰川的温度先从零下数十摄氏度提高到0℃，再由0℃的冰融化为0℃的水，应该需要多少热量啊！而这些热量的累积绝非全球气温升高3～6℃就能得以满足。

话说到这里，“故事”似乎也应该有一个比较完满的结尾了。那就是我们人类固然应该珍爱我们这个赖以生存的地球家园，不断优化我们自身的生存环境，善待与我们人类共同生活在地球村内的每一个生物物种和与这些物种密切相关的生态环境，但同时也大可不必杞人忧天，总是担心忽然一天早晨起来一看，我们人类的几个幸存者孤苦伶仃地歪坐在一叶诺亚方舟上，呼天不应，叫地不灵，四周都是水天一色，茫茫一片……

单凭人类的影响是很难达到或者根本不可能达到让地球上所有的冰川彻底消失的，因为人类要撼动地球上已经存在了亿万年的冰冻圈，那是不可想象也是不可能发生的事情！

这也许就是螺髻山仙草湖在没有任何人类活动影响下，仍然可以发生富营养化水草繁殖的自然生态现象给我们的又一次科学启示吧。

必须清楚的是，所谓“富营养化现象”在一些新闻媒体的错误引导下，甚至在一些学者的片面认识中，似乎成了破坏生态环境尤其是破坏河流、湖泊、海洋生态环境的“恶魔”。在我看来，只要地球上有生命，有生命的繁衍，地球表面的营养化过程就不会停止，尤其是地球上土壤的形成和发育就是一个富营养化的过程。而肥沃的土地则是地球许许多多物种赖以生存的基础。即便是海洋和湖泊，众多水生生物的生息繁衍同样离不开丰富的营养物质。“水清无鱼”这个科学道理我们的祖先都明白无误。我们人类需要的是在一些生态环境系统中，将营养化程度控制在一定范围之内，比如滇池、太湖，而绝非一意孤行，不讲科学原则地去诅咒、去反对、去妖魔化所谓“富营养化”现象。

螺髻山仙草湖水域里的营养化或者富营养化现象不仅造就了一幅具有中华传统文化符号“太极”图案的自然景观，让我们多了一处自然天成的异趣享受，而且还给了我们如此丰富的科学启示。

海螺沟冰川瀑布。

牵手湖和仙草湖是目前螺髻山东坡旅游开发较上档次和规模的，也是海拔较高的古冰川湖泊。螺髻山旅游景区管理局已经将仙草湖等自然景观的形成演替纳入科研范畴，包括仙草湖景区在内，螺髻山一定会有一个良性有序、科学发展的美好未来。

硕大无朋的古冰川刻槽

在小曾、小陈还有刘乾坤等几位年轻人的陪同下，我离开仙草湖，下到黑龙潭，沿着另一条小路，顺着当年主冰川流动的方向——清水沟一路往下，去考察螺髻山目前所发现的最大的一处古冰川侵蚀地貌景观——一号古冰川刻槽。

螺髻山东坡被认定的古冰川刻槽有四处，除了一号刻槽，另外三处都位于黑龙潭湖的出水口附近和下方垂直高差约100米之内的沟谷之中，从下往上依次被标定为二号刻槽（已被一处建筑物所覆盖）、三号和四号刻槽。通过此次考察判定，三号刻槽主要为岩石构造所为，与古冰川作用也有关系但是关系不大，应该是以构造为主，冰川则在构造的基础上对其进行了“卓有成效”的“加工和修饰”。四号刻槽准确无误，完全是古冰川的产物，它之前被人忽略是由于被山岩上的花草树木遮掩所致。四号刻槽不仅形态典型，而且近在咫尺，只要拨开树枝，游人便可以近距离一睹古冰川伟大侵蚀作用那鲜生生、活脱脱的有力证据。我告诉随同的小曾说，为了让来访者对四号刻槽一目了然，建议适时清理四号刻槽附近的荆棘草木。

山中的野果。

数量众多的螺髻山豹斑冰碛石。

螺髻山东坡海拔在3650米以下，也就是自黑龙潭出口以下坡度开始变陡，并且一陡到底，一直到清水沟口海拔2200米以下的地方。

我们在“之”字形的山道上上降阶而下，山道两旁长满了冷杉、云杉、岳桦和杜鹃树，一些花楸树的叶已经开始变红变黄，花楸树那白里透红的果实挂满了枝头。一大丛一大丛悬钩子的荆棘枝条上也长满了红红的果实，顺手摘下几枚尝了尝，又鲜又甜。这种果实人可以食用，和花楸果一样，也是不少野生动物赖以过冬生存的食物。螺髻山的秋天已经悄然来临。在一处长满苔藓的灌丛中，我发现一块布满豹斑状刨面的火山岩冰碛漂砾。这种多边形刨面大小均匀，具有一定几何形态的图画美。这是冰川在向前向下运动过程中对裹挟其中的冰碛砾石滚动拔蚀形成的一种特殊的微型冰川侵蚀地貌景观现象。我相信螺髻山中还会有更多的这种古冰川漂砾，只是当天的主要任务是考察最大的古冰川刻槽，所以我记好了位置，拍了照片，留待下次科学考察时再作详细认定。后来到了2010年5月下旬，当我专门对这种表面呈豹斑状几何图案的冰碛砾石进行考察时，发现果然不止一处两处，而是比比皆是，也许可以将其命名为螺髻山豹斑冰碛石。此是后话，下章再表。

我们继续朝更低的一号古冰川刻槽方向前进。大约下到海拔3510米处，只见一座即将倾倒的小木桥横架在清水沟谷之上，小木桥对岸赫然矗卧着一条令人兴奋不已的巨型古冰川刻槽地貌景观。

这是一处我从来都没有见到过的，体态如此硕大而且无比生动有如神迹的古冰川刻

一号古冰川刻槽全景。

槽，我相信这是我国许多冰川工作者和地理工作者都未曾见到过的特大古冰川侵蚀刻槽！

我们小心翼翼地跨过小木桥，绕过一处坍塌孤石，终于来到了一号冰蚀刻槽的下端。

倘若不是从事多年冰川学研究，我一定会以为包括螺髻山一号古冰川刻槽在内的许多地质遗存是人类所为。我的家乡广元市旺苍县米仓山一带的古栈道就有一些在悬崖峭壁上人工凿成的半悬的凹槽，那是古代人类用铁钎木楔，辅之以火烧水浇，辛苦造就的人行小路的一部分。要是没有古冰川知识或常识，除了人为的解释，就只有迷雾一团了。

在国内的冰川区，冰川磨光面比比皆是，很容易发现也容易辨识，唯有这古冰川刻槽不是轻易就能观察到的，尤其规模如此硕大的古冰川刻槽更不多见。在我工作多年的海螺沟冰川，海拔3100米左右的两岸基岩谷床壁上分布着大规模的古冰川磨光面，并伴随有规模可观的冰川刻槽，其中北岸的一处刻槽长约25米，平均深约0.5米，平均高约1.5米，而且奇怪的是刻槽的下游方向明显高于上游方向，这说明当年冰川流经此处时谷地相对狭窄，冰流壅高增厚，迫使上游流来的冰体有向上超覆的作用过程，于是留下的磨光面、擦痕和冰川刻槽的方向都有可能呈逆向状态。

巨大的螺髻山一号古冰川刻槽。

海螺沟海拔3100米处的冰川刻槽规模明显地小于我们此时在螺髻山看到的一号冰川刻槽。不过海螺沟冰川属于现代冰川，如果地球气候继续变暖，随着海螺沟冰川的不断后退，也许会显露出规模更硕大的冰川刻槽来，当然这并不是我们人类希望看到的事件。我们还是将这个“最大”留给我们美丽神秘的螺髻山吧。

新发现的螺髻山五号古冰川刻槽。

螺髻山古冰川刻槽局部。

螺髻山一号古冰川刻槽横卧在清水沟的西岸谷壁上，目前可见长度40余米，最宽处3.5米，平均高度大于3米。叠经地质历史岁月的沧桑洗礼，布满冰川磨光面和擦痕的刻槽景观体上生出不少的纵横节理和风化瘢痕，一些花草灌木从岩石缝中生出茎根枝条，又加大了岩石的风化力度。尽管如此，螺髻山一号古冰川刻槽（也是目前我国所发现的最大的古冰川刻槽）的典型形态依然故我，几乎一览无余地屹立在我们面前。

我认为，螺髻山一号古冰川刻槽完全可以列为“国家级古冰川遗存”。一号古冰川刻槽和二号、三号及四号古冰川刻槽，还有螺髻山中尚未被发现的也许规模更大的古冰川刻槽以及古冰川湖泊、古冰川磨光面、古冰川羊背岩、古冰川金字塔角峰、古冰川刃脊、古冰川U型槽谷、古冰川月亮形山脊，所有的古冰川侵蚀地貌、堆积地貌完全可以打包申报国家级自然文化遗产。

除了螺髻山东坡已发现和认定的四处古冰川刻槽，我相信在整个螺髻山的东南西北坡，随着科学研究考察的深入，一定会发现更多的古冰川刻槽。让我们拭目以待吧！

不过，螺髻山典型而巨硕古冰川刻槽带给我们的惊艳并未止步于一号刻槽。2013年当我再次造访螺髻山时，陪同我考察的管理局李银才副局长指着一号刻槽对面山巅处问道："张老师，您看那里也是不是一处古冰川刻槽呢？"我仰头望去，透过疏密相间的树木，果然又是一处比一号刻槽更为巨硕的古冰川刻槽遗迹！它高高地横卧在清水沟南岸山体的上部，和一号刻槽隔岸高低相望。据我大致估计，这具古冰川刻槽足足有七八十米长，平均槽高约有5米左右，考虑到已经被风化残缺的部分，平均槽宽少说也有2米多。

如果按发现的时间顺序，这应该算作五号刻槽，不过论其规模无疑已经大大超过目前的一号刻槽而跃居螺髻山古冰川第一大刻槽了。

再后来，日海补杰惹局长和李银才等螺髻山科考队在螺髻山西坡又发现了多处古冰川刻槽遗迹，规模有大有小，形态都还典型。相信随着科学考察研究的持续深入，还会发现更多更美的包括古冰川刻槽在内的其他古冰川地貌和相应地质地理环境演替遗迹的。

形态完好的宽尾溢出古冰川遗迹

凡是肯动脑筋深入思考的人，当看到螺髻山众多的古冰川遗迹尤其是巨大的一号古冰川刻槽后一定会想：当年螺髻山冰川的规模究竟有多大？冰川既然是运动的，那么当年的冰川能流到什么地方呢？就拿清水沟来说吧，从螺髻山主峰蜿蜒而下的浩瀚冰流，流过牵手湖，流过仙草湖，流过黑龙潭，一路逢山开路，一路见石磨平，将那些看似坚硬的基岩刀削斧截，留下一处处非冰川莫属的冰蚀和冰碛景观遗迹，那它的末端又在什么地方呢？

带着这个问题，我们先回到螺髻山镇，在螺髻山景区管理局日海补杰惹局长的陪同下，一同来到清水沟的出山口考察。

日海补杰惹是当地普格县土生土长的彝族人，对螺髻山的山山水水一草一木不仅热爱有加而且如数家珍。一路上总有一些彝族老乡热情地和我们打着招呼。

一条乡间小路穿行在丰收在望的梯田田畴中。这些梯田都是经过世世代代的彝族同

螺髻山东坡的古冰川堆积物(中、近景)。

清水沟口的古石海。

胞辛勤劳作，在乱石横陈的坡地上开垦出来的高产田。而螺髻山东坡这一道道、一堆堆的石碛自然都来自于螺髻山中。

的确，从螺髻山中伸延出的每一条沟谷的沟口以下都分布着一个扇形坡地，扇形坡地的底部边缘有的已经到了则木河的主河道一带。应该说这些扇形坡地大部分都是距今至少1万年以来在古冰川后退时发生的古冰川泥石流形成的，有些甚至是当年冰川直接从山中溢出使然。

汽车在一条乡间土路上蹒跚而上，不时可见一些半埋在土中的巨石散落在山坡上，无论是颜色还是岩性都与它们所在的地方大相径庭。对这些“外来户”来源的唯一的解释就是“漂砾”，“冰川漂砾”！它们都是在螺髻山冰川规模最大的时候，随着冰川的运动搬移而来的。

在清水沟出山口，一条布满砾石的垄岗状矮丘自上而下迤逦蜿蜒达1000多米，矮丘上已然长出灌丛林木，在布满黄绿色地衣的砾石上分明随处可见深深的擦痕，原来这是清水沟古冰川在上万年以前退缩时遗留在沟口前的蛇形冰碛丘。

可以想见，由于当年从螺髻山主峰区一路流来的清水沟冰川一出山口后所受到的两岸谷壁的压力突然减小，于是冰体自然会向沟口两翼延展形成宽尾冰川。冰川的一部分融水在冰川内部形成冰下河道，冰下河道在宽尾冰川的末端形成一个状若城门的出水口。后来，冰川退缩，在原来的冰川末端留下了一道道弧形终碛垄，在冰下河道中则留下了一条蛇形冰碛丘。

后来我在阅读有关参考文献时了解到，西昌地质队有一位叫黄思晃的专家曾经多次来到清水沟考察，并且对螺髻山第四纪古冰川作用的历史和分布范围进行了科学描述和定位。首先，他把螺髻山第四纪古冰川作用划分为四期，前三期发生在1万多年以前的更新世，第四期划在1万年以来的全新世。后来的一些学者，比如北京大学的崔之久教授几乎完全因袭了黄先生的观点。应该说作为一名非冰川专业的地质科学专家，黄思晃在20世纪60年代中叶就对螺髻山古冰川进行了比较准确的定位非常难能可贵。黄先生不仅划出了螺髻山的四次冰期，令人钦佩的还有他明确无误地指出了螺髻山古冰川规模最大的时候冰川末端已然下到了海拔2000米的地方，并且在一幅他自己绘制的古冰川分布图上明确无误地标出了清水沟古冰川下伸的范围。更令人惊奇的是，他还在同一幅地图上标出了所谓“盘谷”地貌存在的事实！

螺髻山在距今数十万年到1万多年前的中更新世和晚更新世，的确发生过最少两次规模较大的古冰川作用。当时螺髻山中的降水量大得惊人，估计最少也在一年2500毫米以上。自全新世以来也就是距今3000多年之前也有一次冰川的发育过程，但是在国际上尤其在欧洲冰川学界只将其叫作小冰期，在日本和中国一般称为新冰期，学术界从来都不将这次冰川的重新发育单独作为一次大的寒冷事件，当然也没有把它与更新世几次大

扇形堆积地貌是怎样形成的

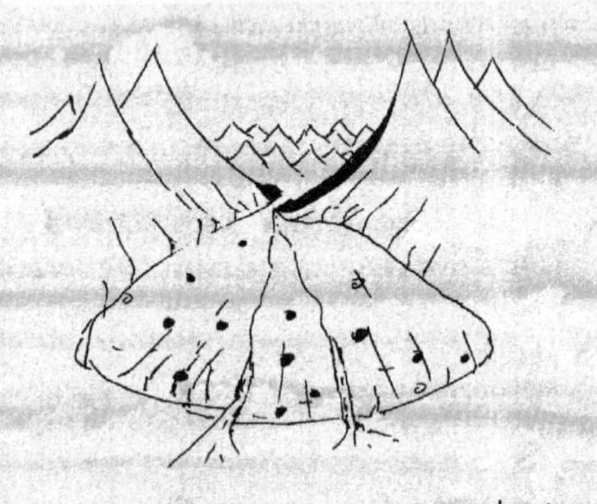

冰川消退后形成的冰川泥石流堆积扇

距今大约12000年以前，地球进入气候温暖期，冰川学家称为冰后期，地史学家称为全新世……反正包括螺髻山在内的地球上许多冰川在短时期内发生了大规模的解体后退甚至彻底消失。估计就是在这一次的气候变暖事件中（那时可没有任何人类的工业污染），螺髻山由于山体海拔高度有限，不能有效地保护冰川的继续生存发育而最终退出了冰冻圈。大规模的冰川融水携带着丰富的冰碛物质形成冰川泥石流，夺路而下咆哮出山，于是便形成了则木河西岸一个连一个的冰川泥石流扇形堆积地貌景观。

的冰期相提并论。黄思晃先生有如此一说绝不为过，而且真的感谢他为螺髻山古冰川所做的开拓性的科学研究。但是令人匪夷所思的是，北京大学的崔之久先生也将全新世的新冰期冰进作为一次与更新世几次大的冰期相提并论的大冷期写入自己的研究论文。这也许是崔先生一时的笔误，不过我必须在此予以郑重说明和更正了。

所谓大冰期只是指第四纪全新世（距今约1万年以来的地质时期）以前的各大冰期。因此，将1万年以来全新世发生的新冰期（距今大约3000年以前地球上发生的一次冰川前进事件）与距今1万年以前发生的各次冰期相提并论，属于一种冰川科学常识性的错误。全新世的新冰期时间延续仅以千年计，它是不可以与更新世以万年计的大冰期相提并论的。

何谓“盘谷”地貌？从黄思晃先生的螺髻山古冰川地貌图上推测属于环形或者弧形古冰川地貌景观，实际上，这正是螺髻山古冰川在清水沟出山口形成的宽尾冰川的遗迹。只不过黄先生大概不是专门从事冰川研究的科学家，没有把他观察到的地貌现象与宽尾冰川这种冰川类型联系起来罢了。但是我们还是要完全肯定和高度评价他那种认真细致的野外观察能力和严谨的科学研究精神。

清水沟口的古冰川漂砾。

螺髻山古宽尾冰川的发育说明，在1万多年以前的地质历史时期，这里的区域气候环境中的降水量要远远比现在大得多，气温也比现在要低得多。

我们又驱车来到了当地人称为“一号靶场”的高平台地上，这里曾经是解放军某部进行拉练实弹演习的靶场，可是在我看来却是螺髻山古冰川作用的一处十分重要的堆积地貌遗迹。

清水沟口的侧碛垄。

清水沟口的终碛垄。

清水沟口终碛垄上的古冰川漂砾（可见冰川擦痕）。

一号靶场顶部海拔约2200米，它位于清水沟出山口的东北方向，这是一座由古冰川冰碛物堆积而成的弧状小丘台地，西北一端与螺髻山山麓相连，东南一端以一陡崖矗立于清水沟出山口以外的冰川泥石流扇形地上。小丘迎沟口的一面崖坡上生长着一些片状的松、杨等林木，小丘的顶部很平缓，在一些草灌植被中分明可见许多古冰川漂砾，在漂砾上一样可以见到不少古冰川磨光面和擦痕。站在布满古冰川漂砾的小丘顶上向东向下看去，在另一道红黄色的山坡上除了基岩和土壤之外却不见任何孤立的石碛石砾存在。这种差异不正标志着清水沟古冰川作用的范围和界限之所在吗？换句话说，清水沟古宽尾冰川的最末端就位于我们所站立的这座弧形小丘台地。我们再朝清水沟出山口以下的谷地看去，只见连接着那蜿蜒的蛇形丘冰碛垄的是一片倾斜的河滩，在河滩靠近我们站立的弧形冰碛垄的地方，分布着好几道规模比较小的弧形冰碛物，这些弧形冰碛物正是黄思晃先生认定此处存在所谓“盘谷”地貌的依据。

这些规模更小的弧形冰碛垄是螺髻山清水沟宽尾冰川在规模变小和后退过程中留下来的古冰川遗迹，它们的形成年代要近得多。我建议日海补杰惹局长，这些古冰川地质遗存都是不可复制和再生的螺髻山地貌景观，一定要加以科学的保护。

除了清水沟沟口外宽尾冰川的地质遗

存，在拖木沟沟口以外的螺髻山镇附近，也有大量的古宽尾冰川弧形终碛垄分布（现已开辟为螺髻山斗牛场的二号靶场即是），而且在整个螺髻山东南西北的山麓地带都保留着大量的古冰川遗迹，其中最多最典型也是最具景观价值的还有大如房屋、小似桌凳的古冰川漂砾。也许由于数量太多，以前人们并不知道这些都属于古冰川漂砾。它们或用于修砌房屋，或用于农田改造，或用于建设道路，或用来煅烧石灰，如今的存世量越来越少了。我同样建议日海补杰惹要对这些四处飘零的古冰川漂砾遗迹进行保护，尤其要对那些大中型的漂砾进行科学考察，编目编号，树立标牌，包括那些弧形古宽尾冰川终碛垄，它们既是一个个独立的旅游景观点，又是用于科学研究、科学普及和教学实习的鲜活实物标本。

北极冰原上的宽尾冰川。

宽尾冰川

宽尾冰川是山谷冰川的一种。当冰川从高高的积累区越过雪线流到消融区，形成一条蜿蜒在群山峡谷中的长长冰流时，我们说它是山谷冰川。倘若有丰富的来冰量和足够的低气温导致冰川的末端一直流到山谷的出山口以外，正如前面提到过的原因，出山口后的冰流突然失去了原来两侧谷地的限制和挤压，冰体在流速减慢的同时更加容易向两侧延展，从而形成所谓的宽尾冰川。在我国的一些现代冰川的分布作用区，目前还可以看到宽尾冰川的壮丽景观。比如喀喇昆仑山和西昆仑山就有不少宽尾冰川分布，在南北两极则有更多的宽尾冰川发育。

丰富的冰流溢出山谷形成宽尾冰川

可饮可浴的大漕河天然温泉

日海补杰惹又亲自陪同我们来到螺髻山东坡靠南一侧的大漕河，考察那里的温泉。这里仍然属于普格县的管辖范围。

大凡高山山脉的四周都会有温泉分布发育，我想螺髻山也概莫能外。这是因为地球上几乎所有的山脉都是在板块运动中挤压抬升隆起而形成的。就在这隆升过程中，山体外围尤其是山脉四周地形过渡带往往会发育有多组断裂构造，地壳以下丰富的地热便会源源不断地沿着断裂缝隙向地表输送。如果同时地表有大量的水体沿着构造裂隙向下渗流，某一深度层的地下水和向上涌出的地热相遇便产生了高温高压的过热水和过热蒸汽。热水和蒸汽沿着构造裂隙溢出地表，便形成了温泉（或热水汽泉）。

我考察过西藏东南部的南迦巴瓦峰（海拔7782米）和它附近的雅鲁藏布大峡谷，也考察过四川贡嘎山（海拔7556米）和贡嘎山四周的所有谷地，发现那里四周谷地中都是温泉密集分布的地带。在雅鲁藏布大峡谷无人区的核心地带，有一处高热温泉甚至将出

大漕河温泉瀑布。

露点的岩石都加热得滚烫滚烫的。

大漕河便是螺髻山一系列地质构造温泉出露点之一。我们沿着西（昌）巧（家）公路离开螺髻山镇大约向南行进15千米，来到了荞窝农场北头，再顺着一条向西的乡间公路很快就进到大漕河沟谷中。再沿着一面靠山一面靠水的狭窄土路顺河而上，又行进了约5千米，只见在沟谷的北岸有一座天然的瀑布从半山腰中喷溢而出。滚落而下的瀑布水在天长日久由瀑布自己形成的泉华岩上激起一波又一波的白色浪花，在周围林木的映衬下，活像螺髻山中吐出的千朵万朵白色莲花。如遇阳光斜照，还会在莲花瀑布的上方生出道道彩虹，引得游人不得不想近距离去感受一下那莲花瀑布的神奇与浪漫。

一座失修的藤木便桥可以将我们引渡到对岸的瀑布下方。人未到，那飞溅的细细水珠已经扑面而来，落在脸上，温温的、绵绵的；落在口中，涩涩的、甜甜的。步入瀑布下方，用手掬起几朵水帘“莲花”，果然和家用的热水一样，送入口中一尝，比那些在商店里花钱买的矿泉水还要好喝。原来这里的温泉经过山泉水混合后的水温为34℃左右，估计真正的温泉出水口水温应该还比这个水温要高。令人高兴和奇怪的是，温泉水竟一点儿硫磺味也没有。一打听，据说以前有地矿部门采样化验过，认定该温泉属于弱碳酸型天然温矿泉水。要真是如此，螺髻山温泉资源的价值和“含金量”一定就像孙悟空请观音，筋斗连天——翻、翻、翻！

螺髻山峡谷景观。

螺髻山大漕河。

大漕河温泉流量大，水质优良，只是混合后的水温有些偏低，但并不影响它的开发利用价值。如果在温泉的出水口采取一定的工程措施，防止过多的山泉凉水混入，温泉水的温度就会得到有效的保护和控制。如果再进一步做一些物理化学方面的分析认定，或许还可以做一些保健饮用品项目开发，那将会大大提高大漕河温泉的档次和商业价值。

仙人洞中的地质变迁密码

在考察行将结束的时候，在西昌地区宣传部的安排下，我们回到西昌市对螺髻山西坡地区的黄联关土林和喀斯特溶洞——西溪仙人洞进行了考察。

螺髻山西坡紧接安宁河谷，著名的成昆铁路就从这里通过。

火把节刚过，安宁河谷广阔的田野上到处都是泛发着金黄色泽的稻田和像火把一样火红的石榴园。水稻田正在开镰收割，欢快的打谷声此起彼伏；公路两旁果园里已经熟透的石榴挂满了枝条，像是一树树点燃的红灯笼。可是我们看到公路两旁的空地上堆放着一堆一堆的石榴果，有的有人看管，间或也有路过的车辆和行人停下来和主人谈论着什么。我想大概是在讨论买卖的价格吧。但是多数的石榴堆无人过问，有的甚至已经腐烂变质，引来一群群苍蝇在石榴堆上嗡嗡地飞舞盘旋着……西昌宣传部陪同的同志告诉我们，今年西昌石榴又是大丰收，可是却找不到必要的石榴销售市场，因此只有听天由命，能卖出多少算多少。

作者和彝族姑娘妞妞在仙人洞考察。

仙人洞位于西昌市区以南大约30千米的雷公崖山中，行政区划属于西昌市安哈镇的西溪乡。“安哈”是彝语，就是螺髻山的意思，它与东坡的螺髻山镇彝语汉语名称彼此对应，体现了彝族离不开汉族，汉族离不开彝族的民族团结精神。一条长约10千米的专用旅游小路离开108国道后时而蜿蜒于长满稻谷的田畴中，时而夹持在片片马尾松林间，

仙人洞中的钟乳石。

真的有如进入仙境的感觉。在一处山间谷地的尽头，我们来到了仙人洞的游人接待处。恰逢工作人员正准备吃午饭，我们只好耐心地等待。过了将近一个小时，我们才如愿以偿。在一位女导游的带领下，我们沿着一条松树、柏树、青冈树和杜鹃花树林掩映的坡梯路，来到了海拔2068米的仙人洞洞口。洞口有一道铁门，铁门上着锁，看来平常来这里的游人不是太多。

仙人洞洞口本来很小，为了方便游人安全进出，人为地劈大了洞门。进得洞门就是一条陡陡的下坡路，在坡路的右侧竖着一方石碑，上书“深幽奇险”几个大字，是清朝光绪二十三年所立。可见这里在历史上就因为毗邻川滇通衢大道而早负盛名。

长达10千米的西昌仙人洞中生长发育着大多数喀斯特溶洞都具有的溶岩景观，目前开发出来了7个有极高旅游景观价值的喀斯特景观厅。在这里可以看到石笋、石柱、石帘、石幔、石璋、石花、石鼓、石磬，还有暗河流水瀑布。这些景观都极具欣赏价值，给人以诸多愉悦和知识的享受。而在我看来，最具科学研究价值和无限遐想空间的则是洞中那至少有三层分布的砾石层地质遗存，这是我之前考察过的喀斯特溶洞中从未见到过的、十分珍奇又携带着许多地质历史密码的自然现象。

砾石层也就是鹅卵石组成的地层，都是因流水冲蚀磨圆并且沉积而成的一种地质地理环境现象。溶洞中的砾石层自然是暗河在漫长的地质历史时期中形成的堆积。可是在西昌螺髻山西溪仙人洞里却发现在上下至少三层的溶洞中分别发育有不同历史时期的砾石层。最上层的砾石胶结程度比较高，越往下胶结程度越低，也就是说越往上的砾石形成的年代越早，越往下的形成年代越近。这表明在距今260万年以来的第四纪，螺髻山的确发生过最少三次间断性隆升事件。说来也巧，三次隆起在螺髻山上竟然与三次冰川发育大致相合，也导致了三次冰川作用对山体的强烈下切，于是在螺髻山地区形成了三种不同海拔高度的基岩跌水、磨光面、羊背岩和冰蚀湖泊，在仙人洞中形成了三层地下溶洞，自然也就形成了三层由地下暗河堆积而成的砾石层。

目前仙人洞暗河的水流最终可能向北流入了邛海，或者向西流入了安宁河谷。

说到山体隆起，一般人很难想象和理解，因为眼前所看到的任何山体似乎都是静止不动的，但是如果有机会到螺髻山西北坡的仙人洞参观考察，你一定要特别留意上下三层形成于不同时期的溶洞和洞中那三层不同历史时期形成的砾石层！只有当山体快速隆升时才会引起无论冰雪还是流水的严重下切，一旦山体停止隆升，那么岩石被下切的侵蚀速度也就随即减慢或停止。所以，科学家正是利用这些地质遗存反推出了山体隆起或

喀斯特地貌

喀斯特溶洞是地球上许多地方都有分布的一种地质地理现象，在中国几乎遍布所有的省、市、自治区，其分布面积广达200万平方千米，尤其是四川、贵州、云南和广西等地区更是喀斯特溶洞的高密分布发育区。

因被科学家最早关注并进行研究的对象是原南斯拉夫西北部伊斯特拉半岛（现属克罗地亚）上一个叫作喀斯特（Karst）地方的石灰岩以及这一地区相关的石灰岩溶蚀地貌现象，所以后来便将地球上所有的包括石灰岩溶蚀现象在内的地貌形态统称为“喀斯特地貌”。产生喀斯特现象的主要岩石是一种化学成分为碳酸钙的石灰岩，有一部分白云岩和岩盐岩地区也可以形成喀斯特地貌景观。喀斯特地貌形态十分丰富，有溶洞、峰林、天坑（又叫漏斗）、暗河，还有石芽、石笋、石柱、落水洞、水蚀洼地、钙化泉池等不一而足。

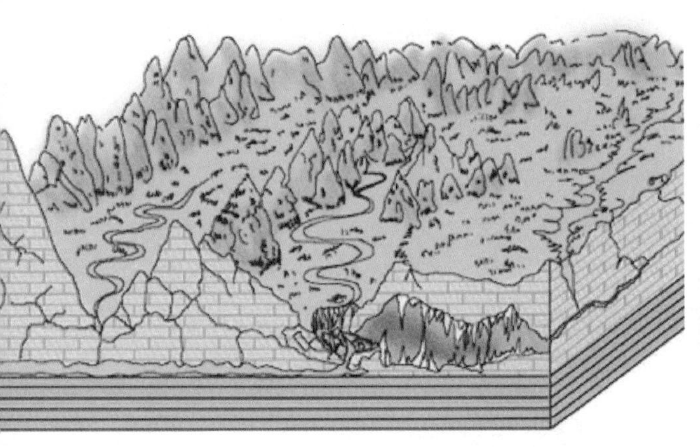

喀斯特地貌示意图。

云南的石林是典型的喀斯特地貌。

者下沉的演化过程。

位于螺髻山西北坡的西溪仙人洞除了是旅游观光的好去处之外，应该也是一个弥足珍贵的地质地理与环境演替教学科研的理想场所。

黄联关土林——古冰川和现代气候的宠儿

黄联关土林位于螺髻山西坡、西昌市南面的黄联关镇。黄联关是“黄连关”的谐音，因为这一带一度生长着许多的黄连树而得名。加上此地一边是安宁河谷一边是螺髻山麓，因此便自然形成了四川通往云南以及南亚和东南亚的关隘和驿站。土林东距黄联关镇三四千米，这是一处直接来源于螺髻山古冰川冰碛物或者经过再搬运形成的黄色砂土坡积物，它与后来我们在去摆摆顶时，在大约海拔3000米的途中所见到的黄色古冰川堆积物类似。也就是说，螺髻山的古冰川作用为黄联关土林的形成提供了丰富的基础物质条件。

由于螺髻山山体受距今260万年以来第四纪新构造运动的抬升和安宁河谷下切的控制和影响，于是在山前坡麓地带形成了一系列高台地堆积物，为土林的形成奠定了丰富的物质基础和必要的具有一定高差的地势地形条件。而黄联关一带属于雨量不多、干湿季分明、降水分布特别集中的区域，这又为土林的形成奠定了相应的气候环境条件。

黄联关土林发育在已被冲切成三条沟谷的黄色砂土峁梁间，总面积不过四五平方千米，这是我考察过的面积比较小的土林。我考察过的西藏扎达土林分布面积达5600平方千米，与黄联关相距不太远的云南元谋土林也有50多平方千米的面积。但是世界上的任何事物只要存在就有它的合理性，作为景观地貌也就必然有它的独特观赏价值。就分布面积而言，如果说西藏扎达土林是土林景观的海洋，云南元谋土林是土林景观的湖泊，那么黄联关土林则是螺髻山这个“大户人家”后花园中的一个荷花池。谁说荷花池不美呢?

西藏扎达土林分布面积虽然很大，但就一些土林的个体而言，扎达土林多数只是处于边缘侵蚀状态。也就是说如果只从沟谷中向谷地一侧望去，它们是“林”；如果能够从空中鸟瞰，这些“林”中的土柱个体并未从土层母体中完全独立出来，它们向沟谷的一侧似乎有土柱的形态，但是其他部位还与整个土山连为一体。而黄联关土林中的土柱绝大部分都可以单独成形，可以从各个方向去欣赏它们那亭亭玉立的身姿。黄联关土林从发育程度讲属于土林家族中的“顶级群落”，也就是发育水平最完善最高级的一种类型。

黄联关土林。

黄联关土林地区沟谷相对高差在100米以上，具有形成土林的地形条件；土层中有多层沙砾石胶结层；该区降水量也在200毫米以下，而且干湿季节分明，降水量也主要集中在夏天的8、9月份；每次降雨延续时间不长，几小时之内快下快停……

遗憾的是，和仙人洞一样，至少在我们去参观考察的时候，其他游客并不太多，有一点客少车马稀的感觉。是否当时凉山的火把节刚过，正是游人旅行的清淡期？但是依我看来，对于螺髻山—邛海旅游圈而言，包括西溪仙人洞和黄联关土林在内的景观地貌品位和品质如此之高的旅游目的地，在任何时候、任何季节都应该是高峰期。游人不多的原因是什么不好臆测，可能是宣传方面的原因？后来我对接待我们的地方宣传部门的同志说到，凉山的火把节固然极具影响力，但是时间只有那么几天，许多人都知道凉山的火把节，当然也知道西昌的邛海，但是更多的人却不知道螺髻山，更不知道螺髻山中的第四纪古冰川遗迹，还有西溪仙人洞以及洞中那承载着宝贵地质历史密码的砾石层，还有黄联关土林，还有高品位的普格温泉和大漕河温泉……这不能不说是一件憾事。

土林的形成机理

土林的发育条件，一是要具有地形的高度差，这样有利于雨水的侵蚀切割；二是必须有一定强度的降水；三是降水量必须集中；四是降水总量不能太大。例如，云南元谋土林区域的年降水量在200毫米以下，集中在每年的6～8月；西藏扎达土林地区年降水量在100毫米以内，降水时期也在每年夏季的两三个月之内。每次降雨时间短、强度大，这样既能保证雨水有足够向下冲蚀切割的动力，又不至于雨水绵延时间过长容易将整个土层泡软造成土体的整体坍塌松散流失。当然形成土林、土塔、土柱还必须具备或者最好具备一个特殊的地层条件：土体的表层有一层硬度比较大最好已经胶结的保护层，比如有一定胶结程度的沙砾层，或者有一些具有一定面积和形态的石砾。这样，当雨水对土层进行垂直下切侵蚀（有专家称为“溅蚀”）时只对石砾周围和硬度较小的土体发生作用，而石砾或者胶结层覆盖下的土体则得到了保护。久而久之，这种差别侵蚀就可以形成一定规模和一定形态的土塔、土柱和土林了。

云南元谋土林景观。

螺髻山黄联关土林景观。

再上螺髻山

“蜀国有仙山，螺髻居其一。”螺髻山美景自然天成，彝家文化源远流长，彝族同胞淳朴善良。星罗棋布、风采各异的湖泊是大自然的杰作，随处可见的古冰川遗迹向人们揭示着沧海桑田的秘密，优越的自然生态环境使螺髻山成为众多珍稀动植物的最佳庇护所。

西昌之美在邛海

和日海补杰惹局长等朋友分手后，我在刘乾坤的陪同下乘火车返回成都，并将考察成果写成一篇名为《碧玉闺秀螺髻山》的科普文章，后在编辑的建议下以《螺髻山冰川履痕处处》为题发表在《中国国家地理》2007年第12期上。但是，螺髻山那多姿多彩的秀丽景色，源远流长的地质历史底蕴，让人有无限想象空间的科学奥秘，岂止是一两篇小文章就可以全部涵盖的呢?

也许是专业使然吧，螺髻山那美丽的古冰川地貌景观时时刻刻流连在我的脑海中，只要有机会我是一定还要再去的。

自此以后，我和日海补杰惹局长每逢过年过节总会有一些信息往来，或互致问候或互报平安。一次，我托人给他带去了几本自己新出版的科考纪行著作，并在电话里提出要再去螺髻山考察。我希望通过再次考察丰富一些资料，写作一本关于螺髻山的科普著作。

西昌的老城门。

距西昌市68千米的西昌卫星发射基地。

日海补杰惹局长很爽快地答应了我的要求，第二次螺髻山科学考察很快得以成行。这样，我偕同夫人再次乘火车来到西昌，来到螺髻山，进行了第二次螺髻山科学考察。

2010年5月19日早上8点30分，当我抵达西昌站时，螺髻山管理局的李峰同志和驾驶员小叶已经在站前迎候我们了。我们先到西昌市的一家宾馆稍事休息，然后就在小李和小叶的引导下对邛海进行了环湖考察。

西昌又被称为“月亮城”，一年中的大多数夜晚都是月朗星稀，月光如洗。一袭如瀑似水的月光洒向波光粼粼的邛海，洒向繁灯点点的西昌城，洒向树影依稀的泸山。人们或坐在家中的窗前，或坐在邛海边那婆娑如盖的大黄桷树下，或者坐在紫红如火散发着淡淡幽香的三角梅旁，一定会忘记了自己生活在这俗世的地球上，而宛如生活在嫦娥翩翩起舞的月宫里一般。自从西昌成为我国著名的航天人造地球卫星发射基地之后，月亮城的美誉更非西昌莫属了。

但西昌又是名副其实的“阳光之城”。无论是以前的西昌之行，还是此次的螺髻山考察之旅，在白天，我对西昌的第一印象必然是阳光明媚，花团锦簇，邛海碧蓝，泸山如黛。

西昌年降水量有1000毫米左右，多集中在夏秋季节的8、9月之后，干、雨季节分明，全年晴天日数在200天以上。由于横断山的顶托和屏障作用，在旱季，通过西藏东南部雅鲁藏布大峡谷水汽大通道的孟加拉西南季风和东南沿海的东南季风，都只能在西昌四周的山脉中上部位形成较大规模的降水，而在西昌盆地内尤其是在旱季则以干热气候为主要特征，因此，一年之内大部分时间都是天高云淡、艳阳高照的晴好天气。由于这里海拔不低，盆地中平均海拔为1600米左右，加上邛海大面积水域对地方小气候的调节作用，西昌夏天不很热，冬天又不太冷，是一个既可以消夏避暑又可以避寒越冬的绝佳之地。

西昌被誉为“春天栖息的城市”。

值得一提的是，在中国长江流域

盛开的三角梅。

自西而东，海拔从其源头6621米的格拉丹冬到吴淞口入海口，气候最温暖尤其冬季不寒冷，甚至冬季犹如春夏之交或夏秋之交的温凉季节的地方，正是位于长江上游与金沙江相连接的这一段地区，除了西昌之外，它们还包括四川的攀枝花地区以及云南的元谋、东川等县市。每一年的隆冬季节，长江下游的武汉、南京、上海早已棉裘裹体，甚至于中国更南的一些地方（比如厦门、广州）也都时有料峭寒风刮过，可是在长江上游的元谋、攀枝花，还有西昌的高原盆地却依然暖意融融，绿叶不枯，鲜花不谢——攀枝花的木棉树仍然花团锦簇，元谋的玉米地一片翠绿，西昌邛海之滨的三角梅满树火红。2010年元月中旬我赴云南元谋开会考察，只见满山漫坡的酸角树上挂满了丰硕的酸角果，田畦地垄里生长正茂的各种蔬果散发出诱人的清香，半人高的玉米苗叶绿缨红；更有一些时髦的年轻人短袖花裙，结双成对，出入茶楼酒肆，让人真的难以想象这里是长江上游海拔1000多米的地方，而且还是隆冬季节的1月。

气象学界的朋友告诉我，这种现象是由于“焚风效应”形成的金沙江干热河谷小气候环境所致。

在中国横断山三江流域，这种“焚风效应”表现得最为典型。金沙江流域内的西昌、攀枝花、元谋这一段正是“焚风效应”表现得最为淋漓尽致的地方。

但西昌最为难得的是拥有一个人间天池——邛海。

邛海那浩瀚的水域不仅为西昌丰富多样的地理景观锦上添花，而且为西昌高原盆地的区域性小气候增加了无限的活力，让西昌成为中国西部最适宜人类居住的地方之一。

邛海目前南北长约11.5千米，东西宽约5.5千米，周长约35千米，平均水域面积为31平方千米，平均水深14米，最深处可达34米，水面海拔高度为1508米，地表集水面积达

60多平方千米（包括湖面面积）。

邛海是一个十分典型的构造湖，它的形成最早可以追溯至二三百万年以前的更新世早期。由于受喜马拉雅山和青藏高原第三次，也是最后一次大规模的抬升与隆起运动的影响，包括西昌在内的横断山有的地方继续整体上升，有的地方断陷下沉。邛海就是一处在距今不太久远的构造运动中断陷下沉而形成的相对封闭的湖盆。随着岁月的流逝，湖盆或受流域内降水补给，或受安宁河上游以及相应地区的地下径流的补给，最终成为四川境内第二大淡水湖。

焚风效应

所谓“焚风效应”是这样形成的：当空中气流过境时的方向与地面岭谷相间的地形呈大致垂直相交的态势，天上的云团越过山脊后向谷地下沉时受到地面相对封闭气体的顶托，加之在后续气流的推动下很快便向上抬升并向前越过下一个山脊……如此一来，过境气流很难在这些河谷及盆地中形成有效的规模降水，于是形成了一种特殊的干热小气候环境。科学家把地形和气候相互间的综合作用过程形成的这种特殊的干热气候现象称为“焚风效应”。

成书于公元500年左右南朝梁代的《后汉书·西南夷列传》写到：“邛都夷者，武帝所开，以为邛都县。无几，于地陷为淤泽，因名邛池。”这里只是认定了邛海的形成与地陷有关，未能也不可能判断出形成的年代。看来古代的中国人也已意识到邛海的形成为构造所致，和远古的大洪水一样，人类的祖先都是有深深历史记忆的。

曾经有人推测说螺髻山第四纪古冰川作用到达过邛海，如果真是如此，也许邛海形成的原因就可以和冰川扯上关系了。可是我这个研究了一辈子冰川的人沿着邛海仔细考察后，未曾发现这里有冰川作用过的任何蛛丝马迹。也许因为螺髻山和邛海之间有一座大箐梁子的阻隔，从而使邛海这一方液态水域和螺髻山那一座曾经的“固态水库”没有什么联系。

当然邛海形成的原因和形成的地质时代还应该进行进一步的研究，有说服力的科学结论有利于邛海生态环境的科学保护和西昌地区的经济发展，尤其是方兴未艾的旅游经济的可持续发展。不过既然《后汉书》将邛海的形成原因归类为“地陷为淤泽”，说明“地陷”聚水成湖发生的最迟年代一定离距今一两千年以前的汉朝不远，也就是说邛海最终的形成历史年代距今不过几千年。在地质历史的长河中，几千年就是“白驹过隙”，转瞬即逝而已。

西昌地方政府花了大力气对邛海及邛海周边环境和基础设施进行了科学规划和建

设。一条高等级的环湖公路给市民和来此观光的游客提供了十分方便舒适的交通条件，湖滨公路两侧的三角梅、凤尾竹、柳叶桉、油桉，还有高大繁茂的黄桷树更让游人赏心悦目，流连忘返。湖泊四周的农家老屋基本上都按照小康建设的标准，结合生态旅游、生态农业和家庭旅游的理念进行了改造和修葺。走进湖滨农家小院，一切都是那么清新、舒适，既传统又不乏现代化水准。屋后青山，左右稻田，屋前不远的地方就是那烟波粼粼、水鸟翔集的邛海。当然，湖畔的有些地带还建起了不少宾馆酒楼和商住楼房。但邛海就那么大，它对人类干预的容许量是有限度的，它对环境污染的抵御能力和自净能力更是十分羸弱。但愿目前的开发程度能恰到好处，但愿邛海的环境保护措施到位而且科学有效，否则一旦形成恶性循环，那将不仅仅是邛海自身的灾难，更是西昌人的灾难了。

螺髻山中的个别湖泊可以"富营养化"，但邛海千万千万不可以富营养化啊！

在邛海休闲旅游度假观光业还未形成规模以前，邛海附近的一些老百姓都拥有自己的小木船，据说大小私家木船数量最多时达到近千只。小木船自有许多功能，一是代步交通，二是撒网打渔，还能接待散客泛舟邛海，赚一些外快贴补家用。一些游客也特别喜欢坐在一叶扁舟之上欣赏邛海夜月。据说邛海泛舟已有将近2000年的历史了。曾几何时，这些漂荡在邛海水面上的翩翩小舟也曾是西昌市一道亮丽的风景线。可是随着整个中国旅游大市场的蓬勃兴起，尤其是像西昌、凉山这些旅游景观资源极为丰富，旅游地貌景观品位十分精到的地区，旅游产业甚至成为了经济社会发展的支柱产业，因此旅游市场的规范建设和制度管理必须纳入科学发展的轨道。看到那些并无安全保障措施的木

邛海月亮湾。

制小船，我有些担心。俗话说“欺山莫欺水”，尤其听说一些船家还有晚上载客游邛海的生财之道，我既为那些游客担心也为那些船家捏把汗。万一风浪起处，船翻人落，定会给双方造成重大生命和财产损失，也会给社会带来诸多的麻烦。

邛海中的木质小船。

有关部门的朋友知道我的忧虑后告诉我说：“张教授，您说的有道理，其实这也是我们地方政府正在考虑和将要解决的事情，在不久的将来一定会有一个好的科学管理办法出台。”

邛海边高大的榕树。

果然，到了2010年8月下旬，有报道说西昌市政府出台政策，通过政府补贴的方式清理邛海中的私家小木船，为把西昌、邛海泸山打造成AAAA级景区营造相应的市场环境。

不过木船还是有木船的好处，环保、雅致、传统而且少污染甚至无污染。政府不会用大型的机动船取代传统的私家小木船吧？要是那样，就有违初衷了。如此一来，游客意外伤险度倒是降低了，邛海水面看上去杂乱无章的现象没有了，可是机动船的燃料和机动船发出的隆隆噪音又会产生新的更大更糟糕的环境问题。

还是木船好，不过小木船可以换成大木船，质量低的船可以换成质量高的船，船家艄公可由公司及相关部门统一管理和统一培训，再配套相应的天气预报和救援措施。总之一句话：科学发展、与时俱进。历史传统要保留继承，优秀文化要发扬光大，落后的东西要坚决摈弃，现代的元素要不断融入，社会才能进步，时代才能发展。

火把节，彝族的狂欢节

大箐梁子是邛海水域和则木河的分水岭，垭口一带海拔2500米左右，靠则木河一侧的缓坡地上不时可以见到一些古冰川漂砾半没在草地灌丛之中，它们应该是1万多年以前冰期时螺髻山冰川到达过这一带留下的地质遗迹。

每次路过这里，我总是喜欢不厌其烦地细细观察散落在螺髻山山麓一带的古冰川漂砾遗迹。

除了一路的古冰川遗迹，同时让我备加关注和好奇的便是普格县原生态彝族火把节的文化传承。

普格县城坐落在则木河下游和黑水河交汇处西南岸不远的一个山间盆地中，县城海拔约1200米。普格是一个彝族聚居县，全县彝族同胞人数占90%以上，著名的彝族火把节就起源于这里。这里不仅是古代南方丝绸之路的通道之一，红军长征时也曾途经普格并受到过普格人民尤其是彝族群众的大力支持，一些彝族群众还踊跃报名参加红军。

火把节也是中国西南彝族和彝族近亲支系少数民族（比如纳西族、白族、傈僳族、基诺族和拉祜族等）共同的节日。

火把节在每年的农历六月二十四举行，一般延续三天。第一天为祭火活动。当夜幕降临时分，由地方上德高望重的长者用传统的“击石取火”方式点燃用蒿草扎成的火把。在火把的照耀下，村村寨寨的男人们杀猪、杀牛、宰羊，女人们炖肉做饭，家家摆宴席，既供神灵，又一家团圆聚餐。第二天为传火活动。在燃烧不息的祭台圣火下，人们举行各种内容丰富多彩的传统节日活动。小伙子们都把自己打扮成阿体拉巴（彝族民间英雄）的模样，赛马、摔跤、斗牛、斗羊、斗鸡、赛歌；姑娘们把自己打扮成阿诗

点燃圣火。 祈福平安。 达体舞。

玛的模样，身披美丽的民族服饰，撑起小油伞，唱起“朵洛荷”（彝族古老而传统的情歌），跳起“达体舞”（彝族传统舞蹈，类似藏族的锅庄舞）。这一天还要举行一年一度的彝族选美活动，所不同的是不仅要选出美女还要选出俊男。入夜之后，一对对多情男女步入山间溪畔，拨动月琴，弹响口弦，以乐声互诉相思之情。据此，有人把彝族火把节誉为东方的“情人节”。第三天为送火活动，这也是火把节的高潮。当这一天夜幕降临的时候，人人手持火把四处奔走，互相祝福，最后将火把投放一处，燃起一堆堆熊熊的篝火，无比欢乐的男女老少围在一堆堆篝火的周围，尽情地跳啊唱啊，终夜不息，因此又有人将火把节誉为东方的“狂欢节”。为了旅游开发的需要，凉山州现在把一年一度

斗牛。

斗羊。

斗鸡。

摔跤。

的火把节时间从农历的六月二十四一直延长到农历的六月三十，由原来的三天时间变成了一个星期。

在西昌、在云南，包括彝族在内的多个少数民族对火把节的由来和起源有多种解读，但是有一点毋庸置疑，那就是对火的原始记忆和崇拜以及对火的感恩纪念。

在人类漫长的进化历史中，火的利用、保存和控制具有划时代的意义。火可以让人类度过漫长冰期冰河时代的严寒和一年当中的寒冬季节；火可以将生冷猎物变成熟食，既消毒又可口；火可以规避一些凶猛食肉动物对人类的攻击和伤害。最为关键的是，人类自从学会使用火之后，在经意不经意之中发明了冶炼术，进而掌握了制陶和冶铜的技术，从而告别了原始的石器时代，原始人终于进化为现代人了！

火，在人类的进化和发展历史长河中起到了十分伟大的作用。

“人猿相揖别。只几个石头磨过，小儿时节。铜铁炉中翻火焰，为问何时猜得，不过几千寒热。”这是毛泽东1964年春天所写的《贺新郎•读史》中的诗句。诗人在此把人类的石器时代称为“小儿时节”，而人类真的自“铜铁炉中翻火焰”以来，也就是在学会使用火以后，尤其是在学会用火冶炼铜器和铁器以及烧制陶器的几千年的时间内长大了、成熟了，而且发生了多么大的革命性变化啊！

一个人或一个民族一定要知道感恩。感恩的人一定会得到社会的尊重，感恩的民族才能够自立于世界民族之林。彝族兄弟是一个不忘感恩的民族，火把节的传承和发扬光大就是对这种民族感恩品质最好的诠释。

熊熊燃烧的圣火。

比比看谁家肉最肥。

节日的喜悦。

火把节上的外国游客。

彝族汉子。

对火的崇拜和对火的纪念是许多民族都具有的历史传统，比如汉民族每年正月十五的元宵节就是对学会用火的记忆和纪念，也算是火把节的另一种形式吧。

在外国也有祭祀火的传统，“拜火教”即为一例。

拜火教亦称“琐罗亚斯德教”，最早流行于古波斯（今伊朗）和中东一带，西方称为“帕西教”，中国称为“拜火教”或“祆教”，又称“火祆教”。“拜火教”创立于公元前628～前551年之间，那时基督教还未出现呢。该教认为有一个叫阿胡拉·玛兹达的智者是人类最高主神，是他创造了火，是万物之主，同时也为万物创造了光明、美德、善行、真理和秩序，并教化人类说：光明、美德、善行和真理最终一定会战胜黑暗、邪恶和谬误。

目前，彝族火把节已被列入第一批国家级非物质文化遗产名录，并向联合国教科文组织申报2012年“人类非物质文化遗产代表作名录”。

冷热互补话温泉

我们被安排下榻在位于县城北郊的螺髻山温泉山庄。温泉山庄是普格县著名的旅游宾馆，宾馆的最大特色和最大优势就是拥有县城附近的天然温泉——普格温泉。

普格县城近郊的天然温泉和螺髻山大漕河瀑布温泉处于螺髻山东坡同一构造断裂带上，因此它们具有许多相同的化学和物理特征，无色透明，无异味、无毒，出水口水温都在40 ~ 45℃之间，水中含有铁、锰、钙等多种对人体有益的化学元素。世界上大多数温泉因为都是来自于地球深处，与地热有着密切而且必然的关系，所以不少温泉都有二氧化硫和硫化氢的浓烈气味，可是大漕河的瀑布温泉水和普格温泉水却非常纯洁。普格温泉流量适中，枯水季节为38升/秒，最大流量为92升/秒，矿化度不高，仅为0.762克/升，硬度和酸碱度也适中，硬度为30.02德国度，pH值为7.0。宾馆服务人员介绍说温泉水中氟元素含量不高，也无其他有毒元素。其实无论是大漕河的瀑布温泉水还是普格县城温泉水，除了人体浸泡理疗之外还可以作为饮用温矿泉水开发利用。后来，我回到螺髻山镇随便与日海补杰惹局长聊起这事儿，这位负责任的彝族干部说有机会一定要把这件事当做大事去办一办。

普格地区因为地处我国古代南丝绸之路的要冲，所以普格温泉很早就有名气了。东晋时期常璩所著《华阳国志》就明确记载了普格温泉：“温泉穴水冬夏常热，下游洗浴治疾病。”

螺髻山温泉山庄。

普格温泉的泉眼现在已经被一口石砌水井和井上飞阁流丹的亭子保护了起来，倒也平添了几许文化氛围。温泉流水主要供给温泉宾馆内的两个大温泉泳池和一些更高档的宾馆房内温泉洗浴所用。

我考察过不少温泉。一个地区，

一个景点，要是有了温泉资源，其他的资源一定会由于温泉资源的存在和加入使品位和品质倍增。比如四川的海螺沟、云南的腾冲、西藏的羊八井、西安的华清池等无一不是。尤其是海螺沟，因为有了温泉，与现代冰川一冷一热形成人们心理和感官上的强烈对比。如果在冬天，四周林海雪原，温泉热雾蒸腾，游客一边沉浸在氤氲的温泉池中，一边欣赏那皑皑冰雪风光，什么叫流连忘返，什么叫乐不思蜀，彼时彼刻就会有切身体验。

螺髻山普格温泉和大漕河瀑布温泉则别有一番风味。由于它水温适中，又无二氧化硫和硫化氢等有害气体的味道，人们也可以在考察游览螺髻山那壮丽多姿的古冰川遗迹之后来到普格温泉或大漕河瀑布温泉，或浴或饮，或泡或泳。遥想1万多年以前螺髻山那冰峰林立、冰流四溢、白雪皑皑的刚毅气概，回味如今湖泊珠联、林涛滚滚、杜鹃如画、鸟兽成群的美景，大自然的变化如一幅洋洋洒洒的地质历史长卷，无尽沧桑尽在其中。

螺髻山四周还有许多潜在温泉资源分布在东西南北封闭围割的断裂带上。随着旅游产业的进一步深层开发，还可以在一些旅游环线的关键点上钻探引水，建立一些新的温泉洗浴中心，增加螺髻山旅游的吸引力，锦上添花，提高螺髻山系统旅游硬件产品的含金量。其实，就在螺髻山镇附近，通过必要的地质考察和钻探，也一定会打出几眼与普格县螺髻山温泉宾馆中的温泉一样品质的温泉水来，因为它们都处于螺髻山东坡同一条构造断裂带上。只是螺髻山镇附近的古冰川和古冰川泥石流沉积物厚一些，钻探的深度要大一点罢了。

虽然螺髻山温泉宾馆和温泉地处山间谷地，但是强烈的太阳辐射还是让人白天不敢轻易下水，仅有三两个年轻人蜻蜓点水似地跳进池中，很快又回到了岸上。因为太阳的辐射加上水面的反射一会儿就会把人的皮肤晒得通红发烫。只有到了傍晚，眼看太阳退到了螺髻山西际天空后，人们才像“鼹鼠”似地走出房间，心安理得地下到泳池中，慢慢受用那高品位螺髻山温泉水对人体和心灵的洗涤和净化。

应该说，无论是大漕河瀑布温泉还是普格温泉，它们的开发水准和硬

温泉井。

件设施都还有许多不尽完善之处，远远不能满足全天候大批量的游客需求。在日本，几乎每一处温泉都不会因为太阳辐射或刮风下雨等原因延误游人的消费和旅游行程，而且在每一个温泉水池的旁边一定会有纯净的温泉水或者自来水可供饮用。其实这是一项非常简单的工程，想得到就可以做得到，关键是我们中国的开发商往往是想不到或者从来也不去想，使得我们许多高档次的资源被低档次开发，从而造成资源的严重浪费和无度的消耗。

来螺髻山对于我来说是考察，而日海补杰惹局长却首先安排我们泡温泉休息，说我们坐火车旅途劳顿。休息好了，温泉也泡了，对普格温泉也有了大致了解和认识，于是我们于5月20日一早便急不可待地返回到螺髻山镇，因为，由我任科学顾问的螺髻山旅游管理局科考队的科考行程即将开始了。

史无前例的螺髻山管理局科考队

具有现代管理意识的螺髻山旅游景区管理局领导集体十分重视螺髻山旅游事业可持续的科学发展。为此，螺髻山旅游景区管理局决定成立一支科学考察队开始对螺髻山进行长期有效的科学考察研究。

考察计划于5月20日上午10点正式启动。科考队由螺髻山管理局副局长李银才任队长，我任科学顾问，日海补杰惹局长和局里一些年轻人都是科考队队员。

科学考察启动仪式在螺髻山海拔2200米处的游人中心进行。日海补杰惹讲话并宣布科考活动正式开始，我被要求就科学考察的目的和意义说了几点意见，最后李银才队长表态一定完成此次以及以后的各次考察任务，为螺髻山生态保护和建设，为螺髻山旅游事业的可持续发展提供更多的科学依据，同时也为提高螺髻山管理局整个管理团队的科学素质奠定更加坚实的基础。

在启动仪式上，一些来自西昌地方和成都的媒体进行了现场采访。看来管理局十分重视此次活动。尤其是日海补杰惹局长，他多次对我说，无论是长远发展还是现实需求，落实中央有关科学发展观绝对不应该只是一些口号。螺髻山生态环境的保护和开发建设需要科学理念和科学考察，螺髻山地区各族人民小康建设的保障和成功需要科学思维和科学规划。总之，螺髻山的未来离不开科学，离不开科学发展观。他还希望我抽出时间将考察成果用科学普及的形式写成书，作为螺髻山永远的文化产品。

旅游景区管理部门成立科学考察队是一个一举多得的创举，其经验值得推广。

相生相伴的冰川冰缘冻土地貌现象

在队长李银才的带领下，我们一行人换乘游人中心的大巴车，10多分钟后就来到了缆车索道站。

索道站下站海拔在2526米左右。我告诉大家，索道站所在的位置正是当年螺髻山古冰川下伸经过的地方，那大如房屋的古冰川漂砾就是证据，索道站下方已经被山溪水切穿的古冰川终碛垄就是证据；还有从游人中心到索道站公路边坡剖面已经微微发黄发红的砾石层有可能是螺髻山更为古老的冰川堆积物。从索道站向西北方向望去，只见在海拔2700 ~ 3500米之间有一处面积为几平方千米的圈椅状地形。根据多年的考察经验判断，那正是一处古冰斗冰川的遗址，古冰斗的出口海拔3000米，曾经就是螺髻山古冰川最盛时期雪线所在位置。当我们把目光转向索道站北面长着牧草和灌丛的山坡时，只见那坡度不大于30° 的山坡上分布着近似水平的一道一道的垄状波形土坎，海拔也都在2600 ~ 3200米之间，像是人为造就的水平梯田，也像近年来北方植树造林人工挖成的水平沟垄。这些都是一种十分典型的冰缘冻土地貌现象，叫作融冻阶地，这也是许多古冰川地貌区普遍存在的一种冰缘地貌现象。我相信，和那个古冰斗地貌景观一样，这种融冻阶地地貌景观在螺髻山四周山坡山体上都会有系统分布的，因为作为螺髻山古冰川发育的地质和气候环境的历史大事件，它不是一种单一的偶然的现象，“要有都有，要无都无”，这也就是所谓冰川科学推理的必然性。

冰川冻土的存在与否与温度背景状况，尤其是0℃以下的负温环境密切相关，这是

索道站旁的冰川漂砾。

索道站附近的古冰斗。

古冰川堆积物。

清水沟口宽尾冰川遗迹。

螺髻山北坡植被。

它们与其他许多地质地理现象最大的差异。只要在同一纬度，有大致相同的海拔高度，有区别不大的地貌地形，有大体相当的降水强度，一处有冰川发育，有冰缘冻土现象分布，那么在相应的区域也一定会有冰川、冰缘、冻土地貌现象发生。

我在湖北神农架考察时就发现，在大神农顶附近有几个像古冰斗的地貌洼地。由于神农架最高峰海拔仅仅为3105米，而且到目前为止并没有发现有像螺髻山所具备的角峰、刃脊、U型谷、冰蚀湖、冰碛湖、冰碛垄、羊背岩、磨光面等系列的古冰川遗迹，所以我在给他们当地管理部门写成的书面报告中，建议称之为“类冰斗”。科学研究允许有错误，但是来不得半点人为虚假，尤其在科学逻辑推理上不能有些许刻意回避的漏洞。

为了满足游客多层次的需要，螺髻山管理局在索道靠北一侧修建了一条高标准的游山小道。游山小道从索道站北侧的公路出发，一路盘旋而上，直到海拔3500多米的索道上站，这对喜欢步行登山的游客和远足者而言一定是福音。我是主张尽可能徒步爬山的。繁忙的都市生活，处处以车代步，好不容易休闲度假来到这原生态的自然界，为何不趁此机会用自己的双脚去丈量一下螺髻山的游山小道有多高、多长，有多少级台阶，沿程去细细体验一下螺髻山从1万多年前晶莹剔透的冰雪世界到今日树木苍翠、物种多样的美好家园的那神奇而壮丽的伟大变化呢？

几只美丽的噪鹛鸟、太阳鸟和蝴蝶在索道上下左右翻飞嬉戏，脚下山林的植物群落随着海拔高度的变化而变化。先是高山栎，再是白桦树，以后依次是铁杉树、冷杉树和云杉树，间或有一些杜鹃树正绽放着娇艳的花朵，有红色、黄色、淡绿和粉红的。与杜鹃花同时开放的还有雪白雪白的铁线菊。“装点此关山，今朝更好看”，螺髻山几乎四季都有不同的山野花开放。自然的装点，原生态的打扮，更增加了螺髻山的迷人秀色。

当你乘坐缆车缓缓地在雾岚氤氲的林海上空漫游时，一定会浮想联翩：曾几何时，在地质历史中，这里冰流排山倒海，直抵山前谷口之外；那些冰斗之内厚厚的粒雪在成冰、运动过程中无时无刻不在下蚀着基岩谷床；可是世事轮回，终于冰消雪化，螺髻山从冰冻圈中“全身而退”，变成了一个生物圈中的美丽乐园。而我们人类也在纷繁的都市生活里挤出空闲时间，寻踪而来，拾级而上，尽情享受、体味和品读这里的新鲜空气、鸟语花香以及地质历史时空变幻的煌煌长卷。

等下一次有机会时我一定要去那新修的盘山小道攀登一回。经验告诉我，每次科学考察，只要细细地和大自然亲密接触，就会有新的启迪和新的认识。不仅科研人员如此，我相信无论是摄影家、画家还是诗人，他们如果多来几次螺髻山，每次都会有新的体会、新的灵感和新的成果。至少，身体会得到锻炼，心灵会得到净化，人格品质会得到升华。大自然在沧桑而漫长的历史中往往是昨是今非，天翻地覆。在北极的冰川上能发现热带、亚热带的植物化石，在南极冰盖下面可以探测到煤层的分布。想到我们人类自己短短的几十年，生命是那么高尚，时间是那么宝贵，虽然也会遇到这样那样的挫折和困难，但更应该去珍惜生命、珍惜时间，包括珍惜人类和万物生存与生活的地球环境，珍惜每一次前往像螺髻山这样的原生态环境考察或者旅游的机会。

细说漫道生物多样性

下了索道，我们沿着相对平缓的山道向更高的地方进行考察。螺髻山管理局的年轻人总会抓住一切机会对眼前的现象问个不停，有地质地理的，有生态环境的，有高山气象气候的，随行的记者不停地记录着我的介绍和讲解，不时地提出一些敏感的热点问题。

螺髻山是一个非常有灵气的地方。真的，只要你去关注她，她就会有新的惊喜呈现给你。

果然，就在一座古冰川漂砾的附近，一公一母两只血雉带着五六只小雏儿正在林下

血雉。

大噪鹛。

斑啄木鸟。

白眉蓝(姬)鹟。

腐叶间觅食呢。公雉凤冠高耸，美丽的翅羽和尾羽在林间斑驳阳光的照耀下闪现出红宝石和蓝宝石的光泽。这是一种学名叫“血雉”的野山鸡，它们活跃在螺髻山的灌丛密林间。除了可爱的血雉，螺髻山中常见的鸟类还有大杜鹃、鹧鸪、斑啄木鸟、灰头鹦鹉、火斑鸠以及多种噪鹛鸟。

迎面只见以高大的川滇冷杉、长苞冷杉为主要种群的顶级乔木群落遮天蔽日，阳光透过浓密的树冠筛洒在杜鹃、花楸、高山岳桦等中小乔木以及林间小道和游人身上，斑斑点点，隐隐约约。可别小瞧了这些看似吝啬的阳光，正是它们哺育了螺髻山种类繁多、丰富多彩的生物多样性群落。

根据历次科学考察资料，螺髻山高级动物有400余种，其中兽类动物60余种，鸟类动物252种，爬行类动物19种，两栖类动物20余种，鱼类40多种；高等植物2000多种，分属180余科；大型真菌200多种，80%以上可以食用。

我到过许许多多的杜鹃林，有西藏林芝色季拉山的杜鹃林，有雅鲁藏布大峡谷南岸南迦巴瓦峰西南坡的那木拉杜鹃林，有海螺沟杜鹃林，有贵州毕节大方的百里杜鹃林……应该说，它们都是中国杜鹃林分布的风水宝地，都是杜鹃花绽放的美好乐园。但要是说到单株杜鹃树体态俊硕，植株高大，分布面积广袤，螺髻山杜鹃林和前述各地的杜鹃林都有一拼。尤其是就植株高大而言，从海拔3500米开始，只见一些紫红树皮的杜鹃树躬身竖立在山道两旁，像是训练有素的侍者在欢迎远道而来的八方宾客，不，不是侍者，而是螺髻山的主人或者主人的代表在欢迎远道而来的八方宾客。虽然在高大婆娑的松、杉一族面前，这些紫皮杜鹃只能算是螺髻山植物王国“第二世界”的中小乔木成员，可是它们最高的可达20 ~ 30米，最粗（胸径）的可达50 ~ 60厘米，这就是螺髻山巨魁杜鹃。

螺髻山海拔2600 ~ 3000米一带为针阔混交林，主要由云南铁杉、青冈树以及槭树、桦树等中乔木组成，而灌木层中常常有川

杜鹃花小知识

杜鹃花通常是指双子叶植物纲（木兰纲）、杜鹃花目、杜鹃花科、杜鹃花属（*Rhododendron*）植物，俗称杜鹃、映山红、山踯躅等，约有960种，中国境内有570余种。杜鹃花为木本植物，以花朵鲜艳、叶美观著称。种间特征差别很大，多数为灌木，少数为乔木，最高可达20～30米，通常在春、秋两季开花。杜鹃花主要原产于北半球温带，尤其是喜马拉雅山地区、东南亚和马来西亚山地的潮湿酸性土壤。大部分杜鹃花种类生长在海拔1700～3700米地区。在中国的分布中，云南有245种，西藏有180种，四川有181种，广西有60余种，贵州约有60种。目前多数专家认为，中国西南部至中部地区最有可能是杜鹃花的起源中心。

螺髻山的杜鹃自海拔2000米左右的山脚到海拔4000米左右山体的林线附近都有分布，有巨魁杜鹃、普格黄杜鹃、亮叶杜鹃、亮毛杜鹃、大白杜鹃、团叶杜鹃、腺果杜鹃、大王杜鹃、黄杯杜鹃、芒刺杜鹃、紫斑杜鹃、绒毛杜鹃、露珠杜鹃、银叶杜鹃、繁花杜鹃、宽钟杜鹃、锈红杜鹃、皱皮杜鹃、毛助杜鹃、腋花杜鹃、柔毛杜鹃、糙叶杜鹃、爆仗花杜鹃、红棕杜鹃、淡黄花杜鹃、乳黄杜鹃、密枝杜鹃、黑鳞杜鹃、川西杜鹃、云南杜鹃和青海杜鹃等30余种。

西杜鹃、皱皮杜鹃、团叶杜鹃生长。海拔3000 ~ 3700米地带为亚高山针叶林带，优势树种为长苞冷杉、川滇冷杉，灌木层中除了多种花楸树和茶藨子树之外，亮叶杜鹃、团叶杜鹃、大王杜鹃、宽钟杜鹃、红棕杜鹃、乳黄杜鹃和青海杜鹃密植其间，尤其是那些那些普格黄杜鹃、乳黄杜鹃和淡黄花杜鹃，还有巨魁杜鹃和青海杜鹃在海拔3600米以上稍微平缓地带形成大面积杜鹃林。每当5月，

螺髻山的杜鹃花品种繁多。

白点鹛。

华西雨蛙。

短尾猴。

小熊猫。

各色杜鹃花次第开放，此起彼伏，那真是一片杜鹃花的海洋。海拔3700 ～ 3900米地带基本上为灌丛带了，这里主要是黑鳞杜鹃、光亮杜鹃、腋花杜鹃的天堂，它们形成一片片密密匝匝的杜鹃矮林，和一些斑状生长的高山伏地柏矮树林一起，将这一带的山岭和山坡披盖得严严实实，人行其中，无路可寻，只能深深地弯着腰，左冲右突，半天走不了几米远，弄不好就会迷失方向。

螺髻山中的杜鹃不乏难得的极品、珍品，其中的大王杜鹃和棕背杜鹃就是国家三级保护植物。有一种淡黄杜鹃不仅树高叶阔花大，而且花瓣呈淡淡的黄绿色，这就是以当地地名命名的“普格黄杜鹃”。普格黄杜鹃有一种丝绸绢帛的质地感，如果正好有一帘雨丝飘过或者早上有一片晨雾袭来，只见那晶莹的水珠如水银般似停非停地点缀在团团杜鹃花的花瓣上，在云间漏出的阳光照射下尽显楚楚动人的媚态，更显得无比婀娜多姿。

除了大王杜鹃、棕背杜鹃、普格黄杜鹃等珍贵的杜鹃植物之外，螺髻山中属于国家保护植物的种类还有扇蕨、攀枝花苏铁、长苞冷杉、丽江铁杉、澜沧黄杉、德昌杉、华榛、银叶桂、西康木兰、三尖杉、红豆杉、连香树、香果树、百辛树、海莱花、野大豆等30多种，其中很多属于一、二类保护植物。

德昌杉是螺髻山地区的一种特有树种，目前仅在螺髻山西坡德昌县境内的麻栗沟到小高桥沟有零星分布，它们生长的海拔高度在1300 ～ 3000米之间。理论上讲，在螺髻山其他坡向相宜的海拔高度上应该可以发现它们的踪迹。德昌杉是杉木属在亚热带高原季风气候条件下以及地理隔绝环境中经自然选择形成的一个变种。德昌杉具有生长速度快、衰老晚、单位面积产材量高、耐干旱、抗病虫害、材质优良等品质，单株高达50余米，胸径可达3米，是一种大径材的优良树种。由于人为砍伐严重，目前自然界存量很少。

螺髻山还有一定数量的云南红豆杉、三尖杉、云南樟、楠木、滇黔黄檀、野桐、滇石栎、变石栎、银木荷以及西康玉兰生长分布。在以后的考察中也许我们就会找到它们的标本。

三尖杉和红豆杉一样，虽然名字叫杉，而且其长相也和杉科植物差不多，可是和云杉、冷杉等真正的松杉科却完全不属于同一科属。红豆杉属于红豆杉科红豆杉属，而三尖杉则属于三尖杉科三尖杉属。

在1998年人类首次徒步穿越雅鲁藏布大峡谷科学考察中，作为主力队员和瀑布分队队长，在率先进入峡谷无人区的途中，我发现了大片原生喜马拉雅红豆杉林，随队的中央电视台记者牟正篷做了及时报道。考察结束后，我发表了论文《世界第一大峡谷——雅鲁藏布大峡谷科学考察新进展》，出版了一部科普著作《大峡谷冰川考察纪》，其中都对红豆杉的形态和功用进行了科学的论证和探讨。红豆杉的根、茎、皮、叶和果实都可

攀枝花苏铁。

川滇冷杉。

连香。

长苞冷杉。

三尖杉。

德昌杉。

红菇。

盖伞。

羊肚菌。

以提取一种叫“紫杉醇”的药物，它对乳腺癌和子宫癌的治疗有特殊功效，在国际市场上价格比黄金还要高。而三尖杉也可以提取多种植物碱，尤其是从中提取的三尖脂碱对急性粒细胞白血病有很好的功效。

几天前，李银才同志陪我去大漕河考察时，我在距瀑布温泉上游约1千米处的山坡上发现了一棵奇怪的“杉树”。这是一种常绿乔木，树高10米左右，树皮为褐色且呈片状开裂，叶的形状和一般杉树差不多，向两边螺旋状生出，叶茎部扭转排列成二列，近水平展开，叶长5 ~ 8厘米，叶宽3 ~ 4毫米。当时种子已长出，长2 ~ 3厘米，呈椭圆状卵形，上披一层不太致密的白粉状物质。我采集了叶的标本，回成都后请植物学家印开蒲教授鉴定为三尖杉。

三尖杉又称榧子树、血榧、石榧、藏杉、岩杉、白头杉等，属于国家保护的二级珍稀植物。由于和红豆杉一样有多种治疗疑难病症的药物功效，人为砍伐十分严重。三尖杉在我国目前植株存量虽然不多，但是分布范围却十分广泛。在甘肃、陕西和长江流域的大部分省市海拔2000米以上的湿润地带都有分布。螺髻山是适合红豆杉和三尖杉生长的好地方，加强对包括红豆杉和三尖杉等在内的珍稀植物的科研保护和人工栽培试验，应该是螺髻山管理局甚至是凉山州和四川省相关部门值得重视的一项工作。

然而到目前为止，我还没有见到红豆杉的身影呢。不过我相信会见到的，要是大漕河没有，或许清水沟就会有，要是清水沟也没有，或许螺髻山的西坡、北坡、南坡就一定会有。还有珍稀的西康木兰，以及与银杏树同宗同源的连香树，都会在未来的考察中有所发现，终究会一睹她们那气质高雅的芳容的。

美丽“有痕”的豹斑状冰碛漂砾

在李银才队长的带领下，我们一边走一边考察。在去黑龙潭的途中，在山道的两旁又见到不少“梅花状斑点石”和大如山丘的“羊背岩”。“梅花状斑点石”又可以称为“豹斑冰碛漂砾石”，这是螺髻山东坡火山岩（又叫玄武岩或者安山岩）因古冰川缓慢运动而形成的一种古冰川漂砾堆积。

可以这么说，在螺髻山各个谷地中矗立的丘状山包，十之八九都是古冰川向下游方向流动的过程中因岩石过硬，或由于山体的阶段性隆升而形成的“蚀余”羊背岩残丘。羊背岩大可大到状如房屋、山丘，小可小到形似鲸背、羊背。羊背岩一定与基岩相连，具有极高的稳定性，而古冰川漂砾一定是独立的个体，处于随时可以被移动的状态中。

在螺髻山许多古冰川漂砾石碛上，几乎都布满了具有规则几何形态的“豹斑”多边形刨面。这种古冰川漂砾如此众多，在我几十年的冰川野外现场考察中还很少遇到。形成这种多边形刨面的主要原因首先与质地均匀的火山岩相关。应该是在流动冰体内部，一些冰碛石块受冰流运动的驱使发生缓慢的多维滚动（搓动、拔蚀）后所致。由于这种“豹斑状”古冰川漂砾在其他古冰川作用区十分少见，因此可以冠之以“螺髻山古冰川豹斑冰碛石”。希望今后能有其他科研人员对其形成机理作进一步研究，提出更为科学合理的解释。

在考察途中，我们还多次发现散落在林间路旁的“熨斗石”。

“熨斗石”也是因冰川作用形成的一种特殊形状的冰碛砾石，它们大多是一些扁平状的砾石，在平面上表现为熨斗形态。这是当冰川流动时对一些板岩、页岩石块或者其他比较扁平的石块经过缓慢的磨蚀形成的一种冰碛石。“熨斗”的大头通常朝下，比较尖的一头向上，这自然与当年冰川流动的方向有关。

古冰川豹斑冰碛石。

在自然状态下，野外所见到的冰川熨斗石的朝向与原来的冰流方向一致，但螺髻山

林间路旁的熨斗石。

中植被如此繁茂，植物根系的蔓延生长和大型野生动物的活动都有可能改变熨斗石的原始方位，所以我们所见到的熨斗石的主轴和大小端头朝向也可能发生过多次变动。我告诉同行的年轻朋友，野外科学考察一定要根据环境条件的差异进行科学而辩证的思维，千万不可教条地去界定所观测到的地质、地理和景观地貌现象。

在已经开发的景区中考察实在是件十分愉悦的事情。要想知道什么叫游山玩水，什么叫休闲养性，什么叫旅游观光，那就请到螺髻山景区来体会一下吧。可是接下来的考察就完全是另外一种境况了。

越来越热的“冷”科学

我们第一天的考察实际上应该算是练兵，按日海补杰惹局长的说法也是培训，同时也向随队的有关媒体朋友提供一些采访素材。但是冰川是一个冷门学科，而野外科学考察所涉及的内容又十分庞杂，一篇高质量的科学考察报道不是听听科学家的只言片语就可以一蹴而就的。

1998年，雅鲁藏布大峡谷徒步穿越考察近两个月，记者朋友和我们同吃、同住、同行了两个月；2002年，北极考察45天，记者朋友和我们在冰原上摸爬滚打了一个半月；更早的青藏考察、天山托木尔峰登山考察、西藏南迦巴瓦峰登山考察，随行记者无不与科研人员朝夕相处，形影不离。这些记者朋友的报道无不集科学性、科普性和文学性于一体。每次考察结束后，记者们不仅也几乎成了专家，还成了科学家几十年互有往来的好朋友。冰川虽然是一门研究“冷”的“冷门”科学，可是随着社会的进步和发展，关心和热爱冰川以及关心冰川方面信息的人越来越多了。可正是由于冰川科学的“冷门”，每次与媒体与记者交道时，我们都特别地小心，害怕误导，担心出错。

这种由于所谓专家信口雌黄而导致的社会公益事业受损，误导广大群众偏离科学方向的现象在我们周围屡见不鲜。比如曾经有所谓专家说海螺沟冰川是“世界上最大的冰川，海拔最低的冰川”，后来又说是“亚洲最大最低的冰川”等等，其谬论流传至今，依然“阴魂不散”。就在前不久前，中央电视台某节目还错误地声称西藏八宿县长约35千米的来古冰川是“世界三大冰川之一”。须知，世界上最大最低的冰川在南极啊！即使在亚洲，随便举出几十上百条冰川也都比海螺沟冰川的面积要大、海拔要低。

海螺沟冰川末端海拔目前为2980米，长度为13.1千米。如果说到低，西藏察隅县的阿扎冰川末端海拔仅为2600米，云南梅里雪山的明永冰川末端海拔仅为2700米左右；如果说到大，喀喇昆仑山乔戈里峰北坡的音苏盖提冰川长达40多千米，西藏东南部易贡流域的卡钦冰川和然乌湖源头的来古冰川长度都达到35千米。来古冰川虽然也算西藏最大的现代冰川之一，但在地球的冰川家族中，它也只能算作小弟弟。因为在巴基斯坦，在西天山，在南极，长达50千米以上的现代冰川比比皆是。南极和格陵兰冰盖自不用多说了，西天山的南伊诺切克冰川长70多千米，中巴公路巴基斯坦一侧的巴托拉冰川长度也在60千米以上，就是天山最高峰托木尔峰东坡和南坡，随便也可以找出好几条长度超过35千米的大型山谷冰川来。这就足以说明来古冰川无论如何也不会成为“世界三大冰川之一”吧。

海螺沟冰川消融区。

为了纠正对海螺沟冰川的错误宣传，我曾专门写文章在《四川日报》和《地理知识》(《中国国家地理》的前身）上进行了更正，但时至今日，许多游客甚至地方管理部门的干部还在兴高采烈地说海螺沟冰川是“世界上最大最低的冰川”。当然，海螺沟冰川也有它的独特魅力和美丽之处，比如它的相对高差达到1080米的世界级冰川瀑布，比如它的原始森林、高品质的天然温泉、亚热带山地立体生态农业等元素构成了一个十分难得的景观系统，这些是我国许多现代冰川区所不可比拟的，这些才是应该着力宣传的地方。

此外，我还经常从我国顶级媒体的新闻中看到诸如“防治冰川消融”的报道，看到在福建、广东和四川盆地等海拔几百米甚至位于海平面附近几十米、几米的地方也有第四纪冰川的报道。这实在叫人啼笑皆非。

就说“防治冰川消融”吧。稍稍懂一点冰川学常识的人都知道，冰川的积累、运动和消融是每一条冰川的必备条件，缺一则不能称其为冰川。冰川的消融好比人类和动物的呼吸作用，也好比植物的光合作用，你能去防治吗？一些人把冰川退缩和冰川消融两个概念混为一谈，于是闹出了国内某著名大学的研究生在导师“指导下”竟然写“论文”要去“防治冰川消融”的笑话。要是冰川不消融了，那就不是冰川，而是死冰一摊！要是真如此，那才是冰川乃至整个冰冻圈，甚至我们地球的悲哀呢！

而假如四川盆地曾经有过冰川，广东和福建沿海也曾经有过冰川，那么整个北半球必然曾全部被冰川所覆盖，甚至整个地球也曾经就是一个完全冰冻的星球，那么我们人类，以及和我们人类一起繁衍生息的动植物又是如何从厚厚的冰川中走到今天的呢？当然，有的错误报道也不完全归罪于媒体，那些不负责任和胡说八道的所谓“专家”“权威”应负主要责任。

摩拳擦掌上主峰

第二天一早，我们再次乘索道进山，开始了对螺髻山主峰区也可以说是螺髻山无人区的科学考察。

如果说纵跨川、滇、藏三省区的横断山是青藏高原向四川盆地和中国东部丘陵平原区过渡的阶梯的话，那么位于西昌境内的大、小凉山以及大、小凉山的最高峰——螺髻山（海拔4359米）就是这个阶梯最为关键的一级。

君不见横断山中自北而南的怒江、澜沧江和金沙江从青藏高原一路走来，其中怒江和澜沧江的“眼睛”一直向南，永不停歇地流向了南亚的邻邦，分别注入了印度洋和西太平洋，代表中华民族去做“国际主义”贡献了；而长江的上游金沙江却在云南丽江玉龙雪山的西坡停止了急匆匆南下的脚步，回头北上，经过著名的虎跳峡之后，它那南下的惯性使它再次向南，大概它觉着已经有怒江和澜沧江两位兄弟“出国”去做贡献了，于是几经盘桓，一会儿向北，一会儿又向南，在巍巍螺髻山的深情感召下，最后终于下定决心，在螺髻山的南缘摆头北上，义无反顾地沿着大凉山的东麓回流，在宜宾与岷江会合后一路高歌东进，成为中华民族的又一条母亲河——长江，形成了贯穿中国东西的黄金水道。

感谢螺髻山的热情挽留，感谢螺髻山的强力牵手，使得一江来自青藏高原的这位大地母亲的乳汁完完全全地哺乳了中华民族悠久绵长的历史文明，而且还要继续让这伟大的文明长盛不衰地繁衍下去。

焚风效应引起的金沙江干热河谷气候环境使螺髻山低山及其周围地区冬季不冷，由

海拔4359米的螺髻山主峰。

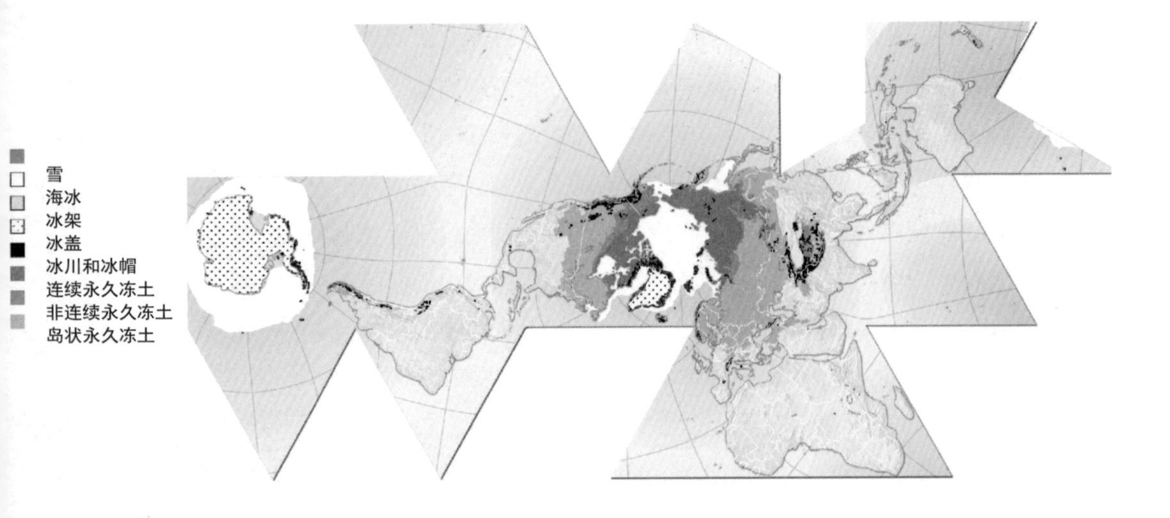

全球冰冻圈的主要组成。

于螺髻山的高山山地效应又使周围地区夏天不太热，真是互为补充、相得益彰。可是在1万多年以前的第四纪冰期时代，由于受北半球整体冷湿环境的影响，来自东边太平洋和西边印度洋的水汽在螺髻山主峰的拦截、扰动下形成十分丰富的降水（山体中上部位为雪），估计年降水量当在2500毫米以上，其中的固态降水量即降雪量可能高达1500毫米以上，于是螺髻山便成为了川西横断山地区重要的冰川作用中心。当然，那时候来自东西方向的强大气流和丰富的水汽足以克服焚风效应的影响，螺髻山一年里多数时间都是琼花飞舞，终年处于受冰冻圈保护的茫茫冰雪世界之中……

科学家根据不同的物质构成和结构功能，将地球表面划分成不同的圈层，比如岩石圈、水圈、大气圈、生物圈、人类活动圈等等。随着国际冰川冻土学科学研究的深入和扩展，科学家将地球表层可以引起水分冻结的高度圈界定为冰冻圈（cryosphere）。冰冻圈在南北两极的海拔高度为0米，随着纬度的降低，冰冻圈的高度增高，到了地球的赤道上空达到最高，为海拔6000米左右。如果地球表面大陆地体一旦深入这个高度圈范围之内，而且又有足够的降雪量以及相应的地形条件（可以承接足够多积雪的地形），那就可以形成冰川了。

受气候环境的波动影响，冰冻圈距离地面的高度是可以在一定的幅度范围之内上下变化的。冰期的时候，冰冻圈就变低了，间冰期的时候，冰冻圈就变高了。最近半个世纪以来，随着地球气候变暖，中高纬度冰冻圈距离地面的高度明显增高，于是一些山体由于和冰冻圈的距离渐行渐远，所具有的冷储条件越来越弱，因此冰川规模越来越小。尤其一些海拔不太高的小型山地冰川，经不起气候变化的考验，最终将会和螺髻山过去的冰川一样，退出冰冻圈而成为古冰川的遗迹地。

在距今260万年以来的第四纪地质历史中，由于受到地球气候几次比较大的冷暖变化波动的影响，螺髻山曾经几度进出冰冻圈。当螺髻山进入冰冻圈的时候，由于丰富的大气降水，那时的螺髻山冰川景象一定是非常壮观而又无比恢宏的。

和螺髻山冰川同时代的还有大、小凉山和安宁河西岸以西的一些海拔3500米以上的山地冰川，这些古冰川一直断续分布到了更西面的乡城、稻城和理塘一带。因此，冰期时代的螺髻山并不孤零，就与现今一样，螺髻山的第四纪古冰川地貌景观就可以和横断山甚至西藏东南部所有的古冰川遗迹一比高低。由于高强度的降水量，螺髻山古冰川作用的规模和力度都明显大于周边其他地区，因此螺髻山古冰川地貌就显得更为典型也更为系统。

然而螺髻山山体的海拔高度毕竟不像天山、昆仑山和喜马拉雅山那么高大，一旦地球气候波动稍微剧烈一些，像螺髻山这样地处中低纬度、海拔在4000 ~ 5000米的山地在冰冻圈里的位置就会受到严峻的考验。

我们来到了南天门

2010年5月24日，我们再次乘索道进入螺髻山，同行的人员除我之外还有队长李银才，向导沙玛日良、沙玛日提，记者陈兴、黎佳音，队员李峰、方鑫、龙渝军、李正敏、林兴斌、曾尚文，共12人。李正敏看上去非常健壮而机敏，真是名如其人，她是在凉山长大的姑娘；小黎也是一位出生在西昌的女娃娃，看上去单薄纤弱，但是在她美丽的眉宇之间却流溢着几许男娃娃的刚毅之气。李银才是行伍出身，在普格县一个乡镇担任过武装部长、乡长和书记，又是喝着螺髻山山泉水长大的普格人，爬起山来自然浑身是劲，看来他要给大家做表率呢。李峰、曾尚文、方鑫、林兴斌、龙渝军和记者陈兴都是二三十岁的年轻人，一个个都跃跃欲试，面对高高在上的螺髻山主峰无人区，都充满了无限的向往和极大的信心。龙渝军是个彝族小伙，可是他以前也没有到过螺髻山主峰无人区。他说，这次一定跟着我蹚冰湖、穿林海，翻过南天门，和螺髻山主峰亲密接触，看看那边的风光，看看那边的景观地貌。而在我们这些人中，也只有向导沙玛日提好多年以前打猎进过主峰区。

南天门是螺髻山东坡清水沟古冰川谷地上游山脊，也是黑龙潭、仙草湖和牵手湖的最上源，它的得名当然仍和螺髻山的古冰川作用分不开。

南天门是从黑龙潭、牵手湖景区进入螺髻山主峰地带的一处垭口，其形状酷似一轮倒悬在南面山脊上的半月，活脱脱就是一座放大了的中国苏州园林里的“月亮门”，这正是古冰川“溯源侵蚀”形成的U型谷垭口。

这种酷似半月的U型垭口是在世界上任何古冰川作用过的山地地带都很容易见到的地貌形态。如果仔细寻找，螺髻山这样的“南天门”景观真的不止一处，只不过大小规模各有不同罢了。

古冰川的“溯源侵蚀”作用是在高山、极高山地区形成地形通道的主要外营力方式。在中国著名的川藏公路上，像二郎山垭口、折多山垭口、雀儿山垭口、矮拉山垭口、色季拉山垭口、米拉山垭口等等，无一不是古冰川溯源侵蚀作用的奇功伟力所为。

天气不错，李银才队长昨天晚上打电话问过西昌气象台，说最近几天螺髻山都是好天气，姑且信之吧。我们沿着黑龙潭右岸鱼贯前行。微风拂面，黑龙潭湖水泛起细细的涟漪，湖岸四周的林间传来隐隐的林涛声，几只又像鼠又像兔的小动物在路旁横倒的腐木下爬爬停停，还不时仰起头侧着耳，转动着一对小小的、圆圆的黑眼睛，一副好奇的

螺髻山南天门。

南天门是怎样形成的

在第四纪冰期时，螺髻山每处山脊的两侧都有冰川发育，比如南天门的北面就是清水沟—黑龙潭古冰川，南面就是大漕河古冰川，南天门所在的山脊就是它们共同的源头。经过两侧冰川几万、几十万年的反复侵蚀，最终切穿山脊，南北两条古冰川的源头彼此“牵手”。当间冰期来临后，冰川退缩乃至于最后消失，于是一处漂亮的弧形月亮门景观呈现在世人面前。

这座“月亮门”地处谷地朝东南的源头，抬头望去，似乎直通九重天穹，加上常常云雾缭绕，于是当地人便赋予了它一个美丽而神话般的名称：南天门。

样儿，好像要听听我们在说些什么，看看我们想干些什么。它们大概知道如今的游人不会去伤害它们吧，所以也不钻洞也不逃跑离开。

这种动物叫“鼠兔”，其身材细小如鼠，身体形状如兔，尤其是尾巴短小更与兔子相近。鼠兔是一种兔目动物，动物学分类为鼠兔科，眼黑如墨，体毛灰黑中带有几分茶色。在我国的内蒙古、东北地区、甘肃、青海、西藏、云南西北和川西等地都有分布。由于地域的阻隔，各地的鼠兔又呈现出不同的种类，比如内蒙古和东北地区的叫“东北鼠兔”，青海、西藏一带的鼠兔叫“藏鼠兔”，此外，还有“高原鼠兔”和“大耳鼠兔”等种类。螺髻山鼠兔有可能和高原鼠兔或者藏鼠兔为同一品种，也可能是一个新种。这需要动物学家们进一步考察认定了。

大约在上午10点30分，我们走过一个湖水几近干涸和另外一个湖水也不太深的牵手湖，来到了景区游人小道的尽头，再向前便是螺髻山原始森林无人区了。不由分说，我们一头钻进以冷杉和桦树为主要树种组成的密林里，只觉得浑身变得格外阴凉起来。林中苔藓地衣和藻类布满了空地，甚至在一些树干上、石砾上也都盖满了这些无孔不入的低等生物。

螺髻山鼠兔。

要在正常年份，野外科学探险考察行军最忌讳的就是前进道路上布满了苔藓地衣和藻类。别看它们表面毛茸茸的，一不小心踩将上去，保不准来个马失前蹄，跌得鼻青脸肿。因为覆盖在石头和地面上的苔藓类植物和地衣压根儿就和下面的石头是两张皮，一踩一个滑。可是今天却不然，因为当年冬春西南地区

南天门附近的角峰和刃脊。

大旱，螺髻山不仅湖水水位变低，林中的苔藓类植物和地衣也因为少雨水而变得干枯，这倒为我们密林行军减少了些许麻烦，可以放心大胆地踩上去，不但不打滑，而且还有一种踩在地毯上的舒适感。

我发现，林中有一种苔藓不仅生长在地面石砾上，而且还能生长在树干树枝上。凭借多年大型自然资源综合科学考察中积累的经验，我认定这是一种叫高山墙藓的植物，它对自身的生长环境要求非常低，只要有水分就可以绿满一片天地。这种高山墙藓在我国横断山和西藏东南部的现代冰川上也被多次观察到。它们凭借冰面上一点点泥土和冰面消融水（包括雨水），就可以慢慢地在那一点泥土四周长出高山墙藓的针状苔藓叶，并且随着冰川的运动而运动，最后因滚动而形成一个个椭圆形的毛茸茸的高山墙藓个体，那形状就和没有尾巴的老鼠一样，于是冰川学家给它们起了个"冰老鼠"的诨名。

就在我们行进的森林中，一些生长在树干树枝上的高山墙藓的形态就和冰老鼠十分相像，我马上给大家做了讲解，并引起了随行的西昌电视台记者陈兴的极大兴趣。他肩扛摄像机，请我专门为他作解说，并对着不同的墙藓"老鼠"猛摄不停。

实际上，地球上任何一种生物都有其不同凡响的来历和价值，包括苔藓家族。

苔藓属于最低等植物群落中的"高等植物"，是一个子孙特别庞大的大家族，全世界有23000多种，仅中国就有2800多种。这是一种小型的绿色植物，结构简单，每个个体只由茎和叶两部分组成，无枝干，没有真正意义上的根和维管束，不开花不结子，以孢子为传播方式和手段。苔藓喜欢阴凉湿润的环境，尤其喜欢阴凉裸露的岩壁以及潮湿的森林和一些沼泽、湖泊作为繁衍之地。千万别小瞧了它们，生物环境学研究表明，苔藓可是地球生命系统从水生到陆生的过渡型生命体，它们代表了从水生到陆生逐渐过渡的植物类型。

苔藓可以分布在地球上任何有水分的地方，无论是南极冰盖的边缘，还是北极格陵兰冰盖附近，或是喜马拉雅山海拔5000多米的极高山地，都有苔藓家族那代表着生命信息的绿色身姿。它们那超强的吸水性能，可以使其生长地保育充足的液态水，以供其他种类的动植物对水分的需求，而且苔藓本身又可以为一些鸟类和某些哺乳动物提供基本食物保障。苔藓可以通过自身分泌出的一些酸性代谢物去腐蚀它们所依附的岩石，促进岩石的风化，加快地表土壤的形成过程，因此有人称其为地球自然界的拓荒者和其他更高级生命形式演替的急先锋。

苔藓植物还是土地酸碱度的指示性植物。比如，某些土地中有大金发藓和白发藓生长时说明该类土地一定呈酸性，如果有墙藓生长则一定呈碱性。此外，一些苔藓还有某些药用价值。比如，有种泥炭藓就可以清热消肿，对治疗某些皮肤顽症有一定的特殊功效。

不过就现代环境而言，生长在一些沼泽、湖泊里的苔藓能使湖泊过快、过早地沼泽化，使沼泽过快、过早地陆地化。尤其是喜欢在沼泽和湖泊中生长的泥炭藓和湿源藓，它们会产生大量的苔藓腐殖体充斥湿地、湖盆，长此以往，苔藓进、湖水退，以至于最终那一方波光粼粼的泽国有可能变为干涸的陆地。

在南极洲，冰盖边缘一旦融退出一点点陆地来，最先登陆进行生态演替的就是苔藓类植物。1987年当我在南极冰盖内陆科学考察结束后，来到东南极日本昭和站附近的一处南极海岸的基岩岛上，第一眼发现有绿色的苔藓生长时，好像见到了久

附着在朽木上的高山墙藓。

生长在树干上的高山墙藓。

别的亲人，激动地跳了起来。我采集了一簇苔藓标本，带回考察船，放到一个水杯里继续培育。可能船上的生长条件太优越了，那苔藓标本几天内就长大了好几倍。回国时经过海关检疫后，我将苔藓标本送给了有关科研单位。

牵手湖以上无人区的冷杉树高约30来米，最大胸径可达1米左右。我们不时发现一些羊背岩矗立在羊肠小道旁边，有一处羊背岩的背脊部位还叠放着几块古冰川漂砾，其中一块漂砾直径有10多米。林中的淡黄杜鹃正在开放，花朵的直径少说也有10厘米。绽放的杜鹃花使大家爬山的兴致高昂，真的为我们大大地减轻了攀登的疲劳。

林中那些又干又软的苔藓虽然不会让我们行军时脚下打滑，可是横陈的倒木和匝密的林下灌丛，还有那些缠树的藤萝却会不时地拦路挡道。特别是好不容易前行了一段艰险的坡路，来到一个新的高度时，突然一片浓密的灌丛挡在了面前，而且还是一片带刺的棘灌林，迫使你不得不原路退回，另寻别路。如此一来，既消耗体力又浪费时间。现在时兴封山育林、生态环境保护，又不能随便用砍刀一类的工具去砍伐开道，所以我们就只有用更加艰辛的劳动去为挡道的植物们让路了。这就是生态文明的具体体现吧。

除了苔藓，我们还发现不少的地衣群落分布在裸露的石碛上、腐败的树干上以及一些落叶层中。

“雪茶！”在一处大漂砾的旁边，李峰等几个年轻人发现了一片白白的叶状物——这就是雪茶。这些雪茶细细的，长长的，宽不过3毫米，长3 ~ 7厘米。趁着休息的时候，李峰和几个年轻人就地采集起了雪茶。

这里的雪茶真不少，石头上、腐叶中，有的散落一片，有的集中一窝。李峰和几个年轻人说多采一些拿回去给他们的爸爸妈妈泡水喝。现在的年轻人真是难得有这份孝心啊！不过我还是提醒他们，最好应该先问问医生，因为野生的中草药不一定对每个人、每种疾病都有效啊。

雪茶有两种，白色的叫白雪茶，还有一种生长在海拔3500米以上高山落叶松和冷杉树干上的雪茶呈红色，叫红雪茶，也叫金丝茶。它们和白色雪茶的形态、种类和功用大同小异。

无论白雪茶还是红雪茶，它们的模样都十分美丽可人。尤其在野生自然环境中，当你爬山爬得累了，坐在酥软的林地中、厚厚的落叶层上，细细地去观察观赏包括雪茶在内的林中一草一木那动人的身姿和神奇的结构时，你一定不会感到孤独和疲劳，你一定会为你的辛勤付出倍觉欣慰。

我们还在行进途中发现了不少红景天。

雪　茶

雪茶，也叫地茶。它看上去像植物的叶片，其实却是地衣的一种，是靠一种菌丝依附于某种苔藓和地面的腐殖质将其作为营养成分进行繁衍的。地衣是一种真菌，和木耳、蘑菇属于同一个家族。雪茶多生长在陕西秦岭、四川西北部、云南和西藏海拔3500米以上的高山森林和草地灌丛带。雪茶最早是在陕西秦岭主峰太白山被发现并用于给人治病的，因此又称太白茶。据有关资料，雪茶有许多对人体健康有益的功效，含有雪茶酸、鳞片酸、羊角衣酸、氨基酸、甘露醇以及多种对人体有益的维生素和微量元素，而且到目前为止还未发现有任何明显的毒副作用。

雪茶。

我最早见到红景天这种植物实体是在西藏南迦巴瓦峰登山科学考察的时候。1982年的夏天，我们来自十来个学科专业的南迦巴瓦峰登山科学考察队一行30多人，乘汽车来到西藏波密县与墨脱县交界的嘎隆拉山口南坡海拔4000米左右的古冰川湖畔，围着一个古冰川湖泊安营扎寨。几十顶彩色高山帐篷突然出现在这冰流四溢的高山无人区，我们自己都有一种天外来客的错觉。就在我们安营扎寨的湖滨地带生长着一种盘根错节的根茎植物，密密麻麻地覆盖着地面的每一块空间，帐篷搭建在上面，人睡在帐篷里，软软的，很是惬意和舒服，只是进出帐篷和彼此串门的时候，一不小心就会被那些植物的根茎藤蔓所绊倒。来自西藏生物制品研究所的倪志成先生告诉我们，这种植物叫作红景天，他和他的助手是受队长杨逸畴教授之邀，专门来参加登山科学考察并对红景天的分布发育和药用价值进行研究的。考察期间，倪教授和他的同伴们采集了大量标本，后来在此基础上，以倪志成为首的科研人员对红景天进行了临床试验和药物开发。

此次考察证明，螺髻山很适合红景天的生长。除了红景天、雪茶外，螺髻山中还有“人参果”、草灵芝生长。

“人参果”又称为鹿跑草、蕨麻。这种带有某些传奇色彩的高原高山耐寒植物属于蔷薇科，又叫委陵菜，是多年生草本植物，为世界性广布种，但是尤以我国川西、青海等地的野生品种产量高，质量好，营养丰富。这里所讲的人参果并非结在树上的水果，而是一种草本植物的根茎，呈纺锤状，除了个头很小之外，真的有点像我国东北长白山出产的野生人参。我国青海所产的人参果个大肉肥，色泽红亮，富含淀粉、蛋白质、无机盐以及多种维生素，不仅是食补佳品，而且还有生津止渴、增加食欲、清火养胃、改善免疫功能、美容养颜等功效。

草灵芝又称雪灵芝、水麻黄、岩须。草灵芝是中药和藏药处方的常用药，具有一定的安神作用，对治疗肝胃气痛、食欲不振、神经衰弱等疾病有一定功效；但服用过量时有毒副作用，尤其是它的全草醇和乙酸乙酯提取物容易引起流涎、惊厥甚至死亡的严重后果。

人们通常所说的灵芝则是指一种特殊的蘑菇，是一种生长在青冈树残体上的真菌，又称菌灵芝。封建王朝宫廷用的如意就是仿菌灵芝的形状打造的，而草灵芝则是一种杜鹃花科的垫状植物。

蕨麻，也称“人参果”。

岩须，也称草灵芝。

趁着大家中午吃干粮的时候，我在海拔3800米休息的地方做了一个考察“样方”。在这个10米见方的样方内，我观察到冷杉树2棵，杜鹃树3棵，红景天20棵，雪茶16窝，每窝平均50片。此外，还有草灵芝3株，人参果4株，苔藓、地衣若干。

当大家都说时已到正午该吃饭补充能量的时候，李银才队长说：“再坚持一会儿，等到了前面垭口的地方再吃吧。”可是年轻人实在坚持不住了，纷纷建议吃了再走。李银才队长从善如流，只是他自己却顾不上吃，一个人登上了一个高平台，接着回头高声大叫：“大家都来看呀，这里的风景太漂亮了！”于是大家一边吃着干粮，一边朝着他所在的方向爬了上去。原来我们已经爬到了一处古冰川侵蚀过的岩壁的顶端，怒放的杜鹃绽放着娇艳的花姿，几株长苞冷杉幼树从石缝中顽强地探出蓬勃的枝干，枝干上的杉叶泛发着更浓的绿意。

越过杜鹃花蕊和冷杉树叶向西望去就是阿鲁崖崖顶。当年的冰雪自然没有了，代之而生的是一片杜鹃花海，杜鹃花海的顶部边际是一道圆心向上的弧形山脊，那自然也是古冰川溯源侵蚀的结果，越过那道山脊就是螺髻山西北坡，那将是我们下一次考察的目的地。

红景天

红景天，景天科，红景天属，西方人称之为“Roseroot”（玫瑰色根），西藏称之为“扫罗玛布尔”。全世界的红景天有200多种，其中中国有70多种，可以药用的有20多种。红景天属草灌科植物，植株高10~20厘米，根茎粗壮，呈圆锥形，肉质，鲜品为褐黄色，干品为玫瑰红色，叶片为椭圆形，叶的边缘呈锯齿形状，叶柄很短，很难和叶片完全区分开来，长长的叶蔓就像一条条姑娘的发辫，花季时节绽放出簇簇淡黄、大红、棕红等颜色的花蕊，在冰天雪地的高山高原地带尤其抢眼。

20世纪60年代，前苏联科学家研究认为红景天具有很强的身体恢复适应药用功效，也就是说具有协助身体恢复本来的稳定状态，帮助身体对抗诸如高山缺氧等来自外界的化学、物理和生理的负面刺激的作用。

在中国，早就对红景天的多种保健药用功效有所了解。《神农本草经》将红景天列为药中上品，认为可以轻身益气，延年益寿，活血补血；藏学《四部医典》称红景天“性平，味涩，善润肺，能补肾，理气养血，可治胸闷恶心、体虚”等症。现代医学临床和大量高原高山旅游医疗实践证明，以红景天为主要原料制作的多种制剂产品对高原高山缺氧反应的确有较大的减缓和恢复作用。

新的研究还表明，红景天根茎的一些提取物，如红景天苷、苷元酪醇、黄酮苷等和数十种挥发油物质能治疗更多的人体疾病，甚至可以抑制血癌细胞和肺癌细胞的分裂、生长和扩散。传说清朝康熙大帝率军亲征西北时，有少数民族民众献上红景天药酒治好了将士们的高山反应病症，康熙皇帝因此称红景天为“仙赐草”。

开花的红景天。

主峰附近的杜鹃花。

透过杜鹃花和冷杉树叶向下望去就是我们的来路黑龙潭景观区。都说人与人之间是距离产生美，但通过多年的野外科学探险考察，我还以为就景观地貌而言却是高度产生美：山体越高，无论是气候还是自然地理的垂直带谱就越丰富多样，因此相应的景观地貌类型也就越丰富多彩，它们的美学价值也就越高、越立体、越生动。要是再找到一个制高点去观察、去品味，所有的风光就会尽收眼底一览无余。此时我们就站在螺髻山的这样一个高度，背后的南天门海拔应当在4100米上下，斜对面的阿鲁崖海拔为3950米，加上海拔4359米的螺髻山主峰和几座海拔都在4200米以上的卫峰，构成了螺髻山古冰川积累区的上限地域。此时此景，不禁让我的思绪仿佛一下子越过古老遥远的时空隧道，回到了那漫漫无际的冰河时代。

在距今1万年以前的寒冷冰期中，四季不断的大雪年复一年地积累起来形成了螺髻山古冰川的积累区。在地球引力作用下，积累区的冰雪物质在螺髻山东南西北方向“夺路而下”，在几条主要谷地中形成了规模十分壮观的山谷冰川，其中一条就是我们即将要从南天门附近山脊翻越过去才能见到的大漕河古冰川，另外一条正是眼前的这条清水沟古冰川。我们所处的位置是当年古冰川积累区大围谷谷壁上缘，那时的积累区至少分为两级盆地并一直向下延伸到黑龙潭出口处，积累盆地之间几经跌宕又形成冰川瀑布，蔚为壮观。黑龙潭和牵手湖之间的大陡坎就是古冰川大冰瀑布遗迹地。

试想，如果真的能回到1万多年以前，居住在螺髻山的人类祖先要想进入冰川积累区，登临我们现在的高度，必须身穿羽绒衣，脚蹬登山靴，戴着太阳镜，至少三人一结组，跨越冰裂隙，攀登冰瀑布，通过粒雪盆，或者冒着乱羽纷飞、万花狂翔的风雪天气，历尽千辛万苦才可如愿以偿。不过人类的祖先那时候哪有这么好的条件啊，他们对于天寒地冻的环境唯恐躲避而不及，怎么还会想到要去攀爬这危机四伏的冰川雪山呢？

我们还要继续在古冰川粒雪盆后壁上攀爬。1万多年以前的冰雪被如今的森林植被所取代，随着海拔升高，高大的乔木林逐渐被小乔木和灌木林所取代。由于灌木林矮小幽谧，走起来难度更大，大家只有根据自己的身体条件和感觉判断寻路而行。好在出发前队员们都在我的建议下买了体育比赛用的口哨，这样万一有人走丢失了，就可以用哨音传递自己所在位置信息，便于彼此联络。

我们一会儿向左爬，一会儿向右走，虽然林中阴凉，但浑身还是被汗水湿透了。大约午后1点钟刚过的时候，有人在前上方叫着说马上就到南天门了。可是凭攀登方向和猎人走过的山路判断，我们应该从南天门的左侧垭口翻过山脊，因为南天门最低处也比我们将要翻过的垭口还要高几十米呢，只是因为杜鹃树丛挡住了视线，一时看不清楚方向罢了。在我稍事休息喘息的时候，看见在左侧稍下一点大约海拔3900米的地方，有一个圆形的古冰川湖泊，只是天旱无水是个枯湖。枯湖的湖水印迹仍然清晰可见，看来只要下雨，枯湖是可以变为活湖的。湖的直径只有30来米，湖滨围满了繁花朵朵的杜鹃林，林下的苔藓和地衣似乎生长得比一路所看到的要鲜活一些。湖虽然干

干涸的古冰川湖泊。

涸了，但是那里的地下水一定还有，湿度自然也比其他坡地要大一些吧。

李银才队长一边远近招呼以便与大家随时保持联络，一边给我引路带路，建议哪里好走，哪里灌丛稀一些。午后1点30分左右，我们终于爬到了垭口上，一看，南天门果然位于我们的右侧，而且看上去那边的地形要比我们所在的垭口要陡许多。只见南天门两侧的角峰型石柱高高耸立直插云天；再向南边望去，一座更高更大更雄伟的金字塔角峰高矗在群峰之上，不少的古冰碛物和寒冻风化岩屑堆放在峰体的中下部位，形成一条条倒石锥。倒石锥的下沿连为一体，上部呈三角状各自竖躺在陡陡的岩石沟中，对那座金字塔角峰像是众星拱月，又好像在顶礼膜拜——这金字塔角峰就是大名鼎鼎的海拔4359米的螺髻山主峰了。

大家都很激动，因为除了向导以前打猎看到过螺髻山主峰外，其他人都是第一次这么近距离地看到螺髻山主峰的尊容，真正看到它的“庐山真面目”了！

无限风光在主峰

为了纪念考察队顺利登上海拔4000米的垭口，李队长招呼大家展开了考察队的队旗，一字排开合影留念。之后又彼此或单独留影或几人合影。海拔4000米的高度对我来说真的算不了什么，天山、昆仑山、喀喇昆仑山、喜马拉雅山，哪个地方的海拔高度不比这儿高？可是凡事不是有个相对性吗，1994年落成的上海黄浦江畔的东方明珠塔高度虽然只有467.9米，最高楼层的高度也才仅仅350米，可是如果从一层开始攀爬，估计最少也得爬半天时间吧，而且并不是任何人都可以说爬就能够爬上去的。西藏虽然海拔高，但贡嘎机场飞机一落地就是海拔3500多米，我在西藏工作期间的住房和办公室的海拔高度都有3650多米。珠穆朗玛峰登山大本营海拔高度为5200米，汽车可以直接开到。而对于螺髻山而言，它的主峰海拔虽然才4359米，可是4000米的海拔高度自然也算螺髻山的极高海拔了。我们今天可是从海拔2000米左右的拖木沟出发的，人类在攀高时，氧气含量是十分重要的因素，而体力消耗也是不可忽视的方面。再说了，4000米的海拔对人类来说本身就是一个必须适应的高度，百分之九十多的人第一次去海拔3650米的拉萨都会有高山反应的。

在海拔4000米左右的垭口上，大家都有一些疲惫，自然也包括我在内。不过面对一览无余的螺髻山全方位风光，大家都把那些疲惫放到南天门之外的蓝天上了。“地貌景观

考察队在南天门附近合影。

是高度产生美”的说法，正应了领袖毛泽东主席“无限风光在险峰”诗句中蕴含的美学和科学逻辑。今天，我们就可以近距离体会到“无限风光在主峰”的螺髻山主峰区那无限的诗情诗韵了。站在这海拔4000米的地方，又可以环瞰四野的垭口，记者进行了现场采访，队员们不停地拍摄着自己觉得最灵动的风景，记录着自己最有灵动的感想。李银才队长一边用便携摄像机记录着螺髻山主峰的地质地貌景观一边对我说：“张教授，我们今天晚上就在螺髻山主峰下面扎营吧。”“好啊，没问题！”尽管到那主峰脚下还有十分艰难的路要走，但是我相信全体队员们的信心和热情，也相信自己在大家的关照下一定可以到达目的地。

我一边回应着李银才队长的话，一边向右侧望着通向南天门的山脊，再回首望着从黑龙潭一路走来的艰辛之路。我在想，随着螺髻山景区进一步全方位的保护开发与建设，未来的游山小道将会从黑龙潭经过牵手湖，沿着我们今天走过的足迹，直达此刻我们站立的地方，再分别通达右侧的南天门和我们即将沿坡而下的密林，一直抵达螺髻山主峰腹地。

虽然有些累，但是大家热情很高，加上前面的路又是下坡，于是在彝族向导带领下，我们又开始朝着下一个目的地——螺髻山主峰区前进了。

从地形上看，垭口的东南侧应该是大漕河的源头。一眼向下望去依然是郁郁葱葱，茂密的原始森林像一袭厚厚的绿色地毯从垭口一直铺到山谷的下游尽头；偶尔有几片白白的雾岚从林间飘出，突然间又从林间消逸；一只苍鹰从螺髻山主峰背后飞来，时而展翅冲向蓝天，时而铩羽直插深涧；一阵山风吹过，传来沉沉的林涛声，让人感觉天气似乎要变了。

年轻人似乎总有使不完的劲。我们在第一片杜鹃林中还没有钻到头，李峰、小曾和李正敏他们已经下到杜鹃林以下的冷杉林中了。李银才一直跟着我，我们俩人都是高个儿，这在一定程度上增加了穿行杜鹃灌丛林的难度。

和来路一样，临近垭口的地方坡度都比较陡，这正体现了冰蚀地形的特点。在古冰川发育的时候，垭口两边都是冰川粒雪盆的后壁，坡度一般都在50° 以上。可以想象，1万多年前这里也应该是当年古雪崩的高发地段。越过较陡的山坡后，海拔降到了3780米左右，地形明显平缓起来，因为这里正是古冰川的粒雪盆的腹部，不仅地形比较平缓，而且也是古冰川湖泊和羊背岩、跌水坎分布的地方。

“到了，到了！”有人又兴奋地叫了起来。我抬头一看，迎面矗立着一块小山一样的古冰川巨大漂砾，漂砾的侧面还保存有明显的古冰川磨光面和多组擦痕。紧靠着大漂砾的是一道垄岗状的古冰碛堤，我估计翻过冰碛堤一定有一个冰川湖泊，因为这堤外有明显的水流渗透痕迹。听有人喊叫说到了，我以为是大漕河上游的姊妹湖到了。可是翻过冰碛垄岗一看，的确有两个相距不远的湖盆地形，但是湖水却已完全干涸，这自然与近期天气大旱密切相关。

主峰附近的巨型古冰川漂砾，上有多组擦痕。

紧邻第一个干涸湖盆东南侧的正是那块巨型古冰川漂砾，其高20多米，厚30来米，长度至少也有50米。要是今晚上就地宿营的话，那上面至少可以安放十来顶高山帐篷。我们寻路爬上巨砾顶部，这是一个向内倾斜的宽大平台，宽展光滑，一些石头缝隙中长出杜鹃和小柳树，还有几块小如几凳的小冰川漂砾散落在巨砾平台之上，这自然又是当年古冰川运动的明证。

站在这块大漂砾平台上，可以观察到那两个干涸的古冰川湖泊中有比较典型的另一种冰缘现象——石环！

这种类似现象在青藏高原和南北两极分布比较广泛，尤其在一些古冰川和现代冰川周围地段多有发育，冰川学家称之为冰缘地貌现象。除了石环，冰缘现象还包括多边形土、石条、石带、融冻阶地、冻胀丘、各类冻土和石海等地貌景观。

“这就是冰川，就是冰川湖泊，就是冰缘现象，即使湖泊干涸了，湖泊景观因为干旱暂时消失了，但是冰缘现象产生了，大自然中的冰川系统，包括古冰川、古冰川湖泊，总会给人们展现意想不到的惊喜和无穷的奥妙！”对着记者的摄像机，我有感而发。

眼前的“姊妹湖”只是螺髻山中几十个姊妹湖中的一对，我们今天将要考察的还有一对景观品质不亚于黑龙潭的真正意义上的碧波荡漾的姊妹湖。

离开了这对干涸了的“姊妹湖”，我们继续在密林中向下穿行。从高山墙藓的分布密度看，大漕河流域的中上游降水量似乎要比黑龙潭、清水沟大一些。摄影记者陈兴对那些毛茸茸绿油油的墙藓格外青睐，尤其是那些生长在树上的墙藓，看上去就像正在攀爬嬉戏的绿毛龟，越看越惹人喜爱。陈兴说，光螺髻山的高山墙藓就可以做一个专题片了。

地上的腐叶越来越厚，踩在上面酥软酥软的，彝族向导说“大湖”快到了。“大湖”就是指螺髻山主峰下面有广阔水域的两个“姊妹湖”。一阵林涛声又起，经验告诉我：天气真的要变！尽管西昌气象台有预报认为这几天不会下雨，可是那只是对山下而

枯湖中石环的形成

石环的形成过程大致是这样的：在古冰川湖泊长期演变过程之中，湖盆中堆积了厚厚的冰碛或风化石块，当湖水干涸后，每遇冬季和夜晚降温时湖泊内冰碛石中的残留水就会发生冻结。但是一旦到了夏天或者白天气温较高的时候，冰碛物中间被冻结的水分就会再次产生融化。在如此反复融冻的过程中，冰碛物便会因为大小、形状、重量和比重的差异发生分选现象，较大块的石碛被融冻排列到四周而成圆圈形状，细沙泥砾集中在中间，于是就在湖盆中形成了奇妙的石环景观。

冰缘地区的石环景观。

言相对准确一些。俗话说"一山有四季，十里不同天"，又说"山里的天，孩子的脸"，说变就会变的。看来对于螺髻山山上的天气变化，地处盆地中的西昌气象台未必就能预报得很准确吧。这种现象在整个西藏东南部和横断山区都很常见。气象站往往设在河谷和盆地内，预报的天气变化并不能代表整个地区尤其不能代表山区。山下艳阳高照，山上风雨阵阵，我们在考察中经常都会遇到这种山下山上两重天的天气现象。

在螺髻山腹心地带无人区探险考察，尽管林深树密，但是你总会想象到越过一道山脊或者穿过一片密林后一定会发现新的景致呈现在你的面前，给你一个新的惊喜。

大约在下午3点20分，我们终于抵达了海拔3720米左右的姊妹湖的北湖。

这是一个十分美丽的古冰川湖泊。湖滨呈圆环状，四周环山，山上长满了原始森林；湖滨冰碛沙滩上因为近来气候干旱露出一道水退后的白色痕迹，粗粗看去似乎可以沿着湖滨环湖走过；湖滨的外圈长着以杜鹃为主的灌丛植物，此时花季正旺，美丽的杜鹃花儿倒映在同样美丽的湖中，美上加美，美不胜收！靠左边不远处有一个地形为U形的缺口地，上面同样生长着浓密的杜鹃树林，猜想那里应该是湖泊的出口，问向导，果然如我所猜。

螺髻山主峰与姊妹湖北湖。

李银才同志决定今晚在此宿营，于是大家忙着搭帐篷准备安营扎寨。可是向导却建议说在北湖的南岸紧接着就是南湖，现在天气还早，还不如干脆连续作战，直接到南湖边露营。大家虽然不太情愿，但还是觉得向导说的不无道理，于是纷纷收拾起已经打开的行李袋重新上路。野外考察就是这样，计划往往不如变化。李银才和彝族小伙子龙渝军沿着北湖的右岸走，其余的人在向导带领下沿着左岸前进。要是以往我也会随同李银才绕道右岸考察，但是由于年纪大了，经过一天的攀爬，体力消耗太大，我只好随大队走近道。分两条路线走自然可以对姊妹湖进行更多更为全面的观察。我们沿着左岸的湖滨边走边考察，只见湖水清澈见底，游鱼可鉴；一阵山风划过，波涌浪起；风过之后，湖面很快又恢复了平静；片片涟漪又像鱼鳞，又像天上的瓦状云。天上的云层厚了起来，但是仍然有几缕阳光从云隙中射落下来，洒在湖面上，使得那些鱼鳞般的涟漪泛发出珍珠一样的光芒，我们仿佛进入了一个由无数颗珍珠镶嵌而成的童话世界。

螺髻山不就是一个不用任何修饰的童话世界吗？

螺髻山中的“娃娃鱼”

“娃娃鱼！”我正沉浸在那美妙的湖光山色中，突然听到一阵惊叫声。“在哪里？”我立刻循声问道。

我在黑龙潭考察时就想看到螺髻山的“娃娃鱼”，但也许是天气原因，也许是游人太多惊扰了它们，我总也没有观察到它们那惹人怜爱的踪影。

顺着小李和方鑫手指的方向，透过那鱼鳞般的湖水涟漪，我果然看到在靠近湖滨的水底沙碛上静静地躺着好几条可爱的“娃娃鱼”。可是当我准备对着它们拍照时，这些小家伙却突然四脚一蹬，尾巴一摇，很快就钻进了几块石头下面，再也看不见它们那逗人喜爱的小模样了。向导说，观察螺髻山“娃娃鱼”最好的时间就是太阳出来以后，小家伙们喜欢在浅水中或湖滨的石头上晒太阳，那时拍照也好，欣赏也好，“娃娃鱼”们都不会太在意。

螺髻山山溪鲵。

其实，螺髻山的“娃娃鱼”并不是许多人

都知道的那种叫大鲵的娃娃鱼，而是一种和大鲵同属两栖爬行动物的小鲵科动物，在动物分类学上又叫山溪鲵。山溪鲵属有尾目小鲵科小鲵属，英文名字叫Whited dragon（白龙）或Mountain brooked salamander（山溪蝾螈），在中国俗称羌活鱼、杉木鱼，主要分布在四川、贵州、云南、陕西等地，近年在西藏东南部、青海东南部和甘肃南部也有发现。在国外，目前资料显示只有阿富汗和伊朗有分布。山溪鲵在地球上只有6个种，我国就有4个种，伊朗1个种，阿富汗1个种。在中国，山溪鲵主要分布在北纬27°～35°、东经98°～107°之间，海拔2000～4000米的山溪、湖泊中以及一些潮湿的地方。由于山溪鲵最早于1870年在中国四川雅安的宝兴县发现，所以宝兴县成为世界山溪鲵的模式产地。

尽管小鲵也被称为“娃娃鱼”，但是它们却和真正的娃娃鱼大鲵分属完全不同的两个科。大鲵娃娃鱼在动物分类学上属于隐鳃鲵科，大鲵属，学名称为大鲵，俗称娃娃鱼、人鱼、狗鱼、孩儿鱼、脚鱼、腊狗等，英文叫Giant salamander（大蝾螈）。大鲵最大的身长可达1米左右，体重一般在几斤至几十斤，目前人工培育的娃娃鱼体重甚至超过100斤。大鲵的主要栖息地为海拔300～1000米之间的河流溪水中以及附近阴凉潮湿的地方，前肢有四指，后肢有五趾，指、趾间有微蹼，眼睛不甚发达，且无眼睑，身体前部扁平，尾部变为圆扁或侧扁，浑身光滑无鳞，布满半透明的黏液，通体呈灰褐色，只是腹部颜色稍微浅淡一些。大鲵在两栖类动物中性情比较凶猛，以食肉为主，可吃昆虫、鱼、虾、蟹、蛙、鳖、鼠、鸟以及一些动物的死尸腐肉。

大鲵地域分布比较广泛。

在我国，大鲵产地远比小鲵要广，在黄河、长江和珠江的许多支流流域都有分布。目前，除了西藏、内蒙古、吉林和台湾没有有关大鲵分布的报道外，其他各省区都有大鲵的生活踪迹。

大鲵为国家二级濒危保护动物，目前野生大鲵仅存5万尾左右。但是随着大鲵的人工繁殖培育成功，现在每年可人工繁殖的大鲵超过10万尾。而小鲵的分布区域要小得多，似乎也还没有人工繁育的相关报道。

我在螺髻山所看到的山溪鲵个体很

小，一般只有10多厘米长。当我们进入姊妹湖的南湖湖滨宿营后，两位彝族向导朋友在湖边一块石头下面抓着了一条山溪鲵的活体。我迅速拍照后又进行了仔细观察，发现这条山溪小鲵体长约20厘米，头部比较偏平，有眼睑，前后腿各有四趾；躯干呈圆柱状，直径大约为3厘米，尾巴从圆柱形状向后逐渐变成侧扁形态。这条山溪鲵的尾巴粗壮有力，抓在手中不仅格外凝滑而且有明显摆动反抗的感觉。目前所发现的山溪鲵活体标本最长不过30厘米。

山溪鲵的繁殖期在每年的3 ~ 4月份，体外受精，受精卵被排出雌鲵体外时存活在一条长10 ~ 20厘米的半透明卵鞘袋中，袋中有卵5 ~ 16枚，呈单行依次排列。卵蛋为乳白色，平均直径为1厘米左右。受精后的卵鞘袋一端悬挂在溪边或湖滨的岩石下，另一端没入水中，孵化期可长达3个月。螺髻山山溪鲵以水中和湿地中的苔藓、藻类和昆虫为食，所需水温为5 ~ 10℃。当水温过低时就会爬到岸边晒晒太阳，但是又不能够晒得太久，因为它们的体表无鳞无甲，太阳晒久了会因为水分过度蒸发干涸而死。

山溪鲵已被列入国际濒危物种组织（IUCN）的濒危物种红色名录和中国濒危动物红色名录易危级，并且于2000年8月1日列入中国《国家保护的有益或者有重要经济、科学研究价值的陆生野生动物名录》。

由于螺髻山山溪鲵又被当地群众爱称为“娃娃鱼”，我倒想建议有关两栖爬行动物专家不妨进一步对其进行详细考察研究，对这些所谓的螺髻山“娃娃鱼”的生理特征、种群分布、生活习性、环境背景等作出更科学、区域特性更突出的界定，让这些螺髻山尤物们有可能以其独立的种属出现在两栖爬行动物的名录中。螺髻山会感谢你们，螺髻山人会感谢你们，螺髻山的“娃娃鱼”们更会感谢你们。

我对手中的螺髻山“娃娃鱼”真有点爱不释手，它们就像小小的婴儿般逗人喜爱。可是，也许它的同伴还在等它回家呢，于是我把手中的活体标本交给捕捉它的向导，请他们将这条让人怜爱有加的小家伙放回到了刚才捕捉时的水域中。

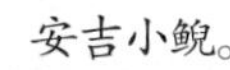
安吉小鲵。

自从距今1万多年以前螺髻山古冰川从地球的冰冻圈中退出之后，虽然后来在新冰期（距今大约3000年之前）和小冰期（距今大约300年之前）时，螺髻山主峰区又有过小范围的冰雪覆盖，但是都未曾影响到海拔4000米以下地段的古冰川湖泊的存在，也就是说，螺髻山中的绝大多数古冰川湖泊的存在历史至少有1万年了。螺髻山的森林植被和大多数野生动物就是从那个时候随着冰川的退缩消失而渐渐跟进演替而来的，包括姊妹湖中的螺髻山“娃娃鱼”。

地质历史研究表明，地球自从有生命以来，各种生命形式都是不断发展变化一路演替而来的，各个地质历史时期的生命形式和组合也是不尽相同的。例如距今10亿年以前的元古代的动物主要是低等无脊椎动物占优势；距今4亿～5亿年的奥陶纪和志留纪以三叶虫为主要生命形式；到了距今2亿～4亿年的泥盆纪、石炭纪和二叠纪则是海洋鱼类最为盛行，陆地上自然林木葱茏，一片繁茂；到了距今2亿～0.7亿年的中生代（也就是三叠纪、侏罗纪和白垩纪）则是我们很多人比较感兴趣的恐龙时代。那时候地球上绝大部分地区温暖而潮湿，许多现今已经灭绝了的动物和植物的体态十分高大，天上飞的是龙，地上跑的也是龙，水中游的还是龙。有的龙吃草吃树，有的龙吃肉，当然也吃那些吃草吃树的龙；而在地球上出现哺乳类动物的年代只是距今6000万年以来的事件；我们人类（包括类人猿）的出现则更只是距今1000万～300万年以来的事情。

螺髻山“娃娃鱼”，也就是山溪鲵的远古祖先，最早出现在距今2.4亿多年以前的二叠纪，别看个头不大，但它们可是地球生命系统中的动物活化石啊！

当今的地球当然是属于我们人类的时代。可是地球未来的生命形式又将如何演变、发展？由于人类有了语言，有了高级思维，有了制造工具乃至创造新的物种生命的科学手段，无疑我们人类就有了更长时间主宰地球生命系统的能力，但是纵观地球生命繁衍的历史，人类早晚会进化为更高更新的生命形式。这或许就是螺髻山“娃娃鱼”给我们的某些启示吧。

新疆北鲵。

螺髻山中各个古冰川湖泊自形成以来，就处于相对独立而封闭的生态环境之中，湖泊内的生物演替过程也一定具有独特的形式特征。因此除了旅游观

光、休闲度假，这里实在也是科研、科普和教学实习的理想之地。

浙江的安吉龙王山自然保护区因为有了安吉小鲵而声名大振，新疆的温泉县也因为发现了新疆北鲵而备受关注，而在螺髻山，同样珍稀的山溪小鲵却只不过是螺髻山中许许多多珍稀物种中的一种而已，可见螺髻山无论是在生物多样性还是在景观多样性方面，其丰富性、系统性、群体性等都是很多地区无可比拟也无法比拟的。究其原因，自然要感谢螺髻山那万年计、十万年计甚至百万年计经久不息的古冰川作用。

风光旖旎的姊妹湖

我们将考察大本营地建在姊妹湖南湖湖滨和林地之间的一块倒木横陈的杜鹃灌丛林中，这时候李银才队长终于与我们会合了。他说从北湖到南湖从西南岸虽然可以走通，但是非常艰难，主要还是灌丛太密，石碛太多而且不稳，要从那边接近螺髻山主峰是很困难的。不过从我们安营处对螺髻山主峰的地质地貌形态和特征进行观察倒是一目了然：南湖的水域对岸是一片浓密的杜鹃林，从杜鹃林向上有一些稀疏的草灌植被，再往上便是直达主峰和两侧卫峰之间的巨大石海、倒石锥。

大凡古冰川地区的石海、倒石锥，自冰川退出冰冻圈的时候起就开始了它们“生命”的形成历史。最初的堆积物当然是冰川退出后留下的冰碛物，但是那些冰碛物的体积毕竟有限，虽然冰川没有了，可是那里的气候还是严寒的，在严寒的气候条件下，螺髻山主峰和周围的卫峰山体发生寒冻风化，风化石块自上而下自然滚落，不仅覆盖了原来那些有限的冰碛物，而且

主峰附近的植被以及石海、倒石锥。

越堆越多，越堆越高。从理论上讲，如果不发生新的山体隆升，就这样一直风化下去，随着倒石锥的增高变大，螺髻山山体海拔就会相应地越来越低，最终就会被夷平成为又平又缓的堆满碎屑石碛的台地地形了。当然即使真有这么一天，那也是最少以万年计时间以后的地质历史的将来时了。

考察队员们一边建立营地，一边谈论着这一天来沿途考察的收获，对终于来到螺髻山主峰脚下，并近距离接触到主峰峰体和主峰附近的森林、湖泊以及巨大的石海、倒石锥，都感到难以言表的兴奋和由衷的自豪！要知道，他们都是螺髻山的子孙，螺髻山就是他们的家啊！可是哪有连自己家的全貌是个什么模样，家当到底有多大都不是十分清楚的儿女和子孙呢？更何况，这眼前的一切又是那么壮观得让人仰慕，美丽得令人不可思议。

就目前已经开发的螺髻山黑龙潭景区而言，那仅仅是螺髻山整个自然景观的一部分，就流域分布来讲也就是一条清水沟而已。可是从南到北，从东到西，螺髻山中像清水沟这样的古冰川谷地就有几十条之多，未开发的部分还多着呢。

科考队在主峰前合影。

眼前的姊妹湖就属于螺髻山主峰区东南坡大漕河流域的上游。北湖和南湖都大致呈肾脏形状，北湖长约250米，宽约150米，水域面积约为4万平方米；南湖稍微小一些，东西长也有150多米，南北宽约100多米，面积至少也有2万平方米。和黑龙潭相比，姊妹湖显得更幽静，更原始，更清澈，更有魅力！没有任何的人为雕琢，没有像黑龙潭出口那样的现代化建筑，没有一丝一毫的污染！姊妹湖中的水，湖中水域里的“娃娃鱼”和其他动物、植物，湖泊四周的山，山上的树，树下的草，草地中的苔藓、蘑菇、地衣、微生物，无一不是自然天成，无一不是天工造物，无一不是原始生态。

我们晚饭喝的水就是直接从湖里打来的。其实刚到北湖湖滨的时候，我就用手捧起几口水喝了个够，当然为了保险起见，我照例吃了半头生蒜，这是我多年野外科学考察养成的习惯和积累的经验。一是高山冰川湖泊的水质的确优良，再就是生大蒜有一定的消毒功效，所以我在野外从来都没有出现过肠胃方面的疾病。有保健专家朋友告诉我说，大蒜除了对眼睛有一些不好的作用外，其他全是优点。

原生冰川湖泊中的水都是活水，其中多数属于冰雪融水，尤其是现代冰川末端附近的冰川湖更是承接了现代冰川的消融水，经过湖泊的沉淀后清醇爽口，一般都可以直接饮用。当然，我更喜欢在现代冰川上饮用刚刚融化的冰川水。由于冰川冰都是从上游积累区运动而来的老冰，那更是难得的“冰川矿泉水”啊！一条长度在10千米左右的冰川末端，它的冰川冰有可能形成于几百年以前，也就是说，它们有可能是几百年以前下的雪，雪变成了冰，那些冰经过百年以上的缓慢运动才到达冰川末端！当我在南极考察，每次喝南极冰川冰融化的水时，我就在猜测它们可是多少万年以前从南极上空降落到南极冰盖上的积雪所融化的冰川矿泉水啊！南极冰雪从南极内陆运动到冰盖边缘，有的需要几万年甚至更长的时间。

螺髻山姊妹湖的湖水虽然不是远古的“化石”水，但却是由螺髻山直接截留海拔4000米以上高空气流中的水汽降落而下形成的纯净雨雪水，因此那也是绝对没有任何污染的优质生态水体。

螺髻山“娃娃鱼”们多幸福多幸运啊，螺髻山上的所有动植物多么幸福多么幸运啊！它们绝对不会像我们人类因为水污染而烦恼，不会因为人类自己的各种不当行为所造成的环境污染、食品污染而烦恼。而我们人类更应该感谢螺髻山，感谢地球上所有的高山高原，是它们那高耸伟岸的身躯为我们人类塑造了一座座生命的水源之塔。

曾尚文、林兴斌和李峰等不顾旅途的疲劳，搭好了帐篷，架好了野炊的“炉

灶”——两个石头支一口锅。李正敏协助民工提水打柴准备晚餐。电视台的小陈和小黎忙着采访一切可以采访的对象，我相信，此时此地一切的一切都不会让他们失望。不一会儿两位彝族向导已经为大家献上了一顿美味大餐：螺髻山姊妹湖水煮面条，螺髻山姊妹湖水煮白菜，还有螺髻山姊妹湖水泡方便面。李银才队长从他那沉沉的背包中取出各种点心、火腿肠，还有麻辣牛肉干。李队长和李峰他们总是对我关照有加，生怕我吃不饱吃不好。我却对生的白菜尤其是生白菜心情有独钟：我们人类原本从大山林莽中走出，从原生态的野性环境里走出，现在又突然醒悟，要回归自然回归原始，生吃某些生鲜食品应该是回归的一种体现和体验吧。西昌电视台的记者小黎看见我吃得津津有味，也试着要了一块翠绿的白菜叶，吃完后又拿了一块，“想不到这生白菜还这么好吃呢。”小黎感触颇深地说道。

其实，在我国许多地区都有生吃某些食物的习惯，比如西藏藏族同胞几乎都有生吃牛肉、羊肉的习俗，但是吃时又有一定的讲究。就拿牛羊肉来说吧，是把新鲜肉置于通风干燥之处，再经历过一个冬天的风干冷冻才可食用。20世纪70年代和80年代，在参加青藏高原科学考察和新疆天山托木尔峰以及西藏南迦巴瓦峰登山科学考察时，登山队的

俯瞰姊妹湖。

藏族朋友请我吃过他们视为佳肴美味的风干生牛羊肉。生的风干牛、羊肉吃起来香脆可口，味道微咸，吃了还想吃。不少中国藏族登山运动员即便在攀登世界最高峰时也以风干牛羊肉加上上好酥油糌粑（相当于汉民族的炒面）为主要食品呢。

“张老师，请问这姊妹湖是怎么形成的呢？”在吃饭的间隙，对着这风光旖旎的姊妹湖，李峰向我问道。其实这个问题，不少随队的年轻人，比如李正敏、曾尚文、林兴斌都问过。

姊妹湖和黑龙潭湖以及螺髻山中其他30多个湖泊一样，都属于冰川湖。简而言之，所谓冰川湖就是由于冰川作用形成的湖泊。其中黑龙潭基本上以冰蚀形成的负地形洼地成湖，姊妹湖则是以冰蚀洼地为其基本地形形态，加上湖口有高大的古冰碛垄的横断堵塞而形成的冰蚀冰碛湖。在古冰川湖泊中，纯粹的冰碛湖虽然其稳定性远比现代冰川上的冰面湖和冰内湖高得多，也比因为地震、泥石流和滑坡等形成的堰塞湖稳定，但是和冰蚀湖相比还是具有一定的危险性。在西藏喜马拉雅山的东南坡就经常发生冰湖溃决洪水和泥石流，究其原因多数是由于那些冰湖属于冰碛湖。冰碛湖的湖堤是由相对较为疏松的冰碛石块加积而成的，工程力学性质远远不如冰蚀湖的基岩湖堤，一旦遇上暴雨或者地震以及冰川快速前进等外力的影响和诱发，就容易发生湖堤溃决，以致形成灾害性的洪水和泥石流过程。

仅就目前考察过的黑龙潭、牵手湖、仙草湖和我们此次野营的姊妹湖看，它们在螺髻山冰川地质历史上都位于历次古冰川的积累盆地腹地，都有稳定的基岩湖盆地质基础，而且经过1万多年以来的湖水自然侵蚀切割，湖水出口大致已到了基岩面，要形成新的湖水溃决的可能性非常小，而那种灾害性的湖泊溃决更是不可能发生。因此，如果说螺髻山的山体是普格人和西昌人气候环境和生态安全的屏障，螺髻山的原始森林是普格人和西昌人的心和肺，那么古冰川湖泊就是螺髻山景观区的灵魂了。

现代景观生态系统旅游要求景区必须有一个或者几个主体地貌景观或者核心地貌景观作为支撑。就四川而言，九寨沟以观看湖泊珍珠瀑布群水景为主，黄龙以观看钙华泉池群水景为主，海螺沟则是以观看现代冰川及大冰瀑布为主，而螺髻山景区的核心和灵魂就是典型的第四纪古冰川遗迹，它们的景观地貌集中表现就是风光旖旎的古冰川湖泊群、巧夺天工的古冰川刻槽群以及古冰川羊背岩群！而这些古冰川地貌遗存又无不以娓娓道来的科学史实为其有力而且有趣的强大支撑。螺髻山中每一个古冰川湖泊就是一部活生生的科普教材，就是一处独立成趣的旅游景观体系，就是一处彼此类似而又各显特色的湿地生态系统环境。无论是科学家还是一般旅游者，似乎都可以透过那清澈的湖水看到螺髻山冰天雪地的过去和生机盎然的未来，当然还有若干次寒暑交替的地质历史变化的脉络。

姊妹湖无论是北湖还是南湖，湖水不但清澈如明镜，而且看上去湖泊水面并未受到近期天旱的影响，这可能与直接位于主峰区的地理位置有关。除了湖面本身承接大气降水的补给之外，螺髻山所有的古冰川湖泊水量水位都与所在流域的面积和山体的垂直高差相关。流域面积越大，汇流面积也越大；垂直高差越大，地表径流和地下径流的补给量也越多；而且海拔越高，汇流区补给径流的调节功能也就越强。因为在海拔4000米

冰川湖

在现代冰川系统中有冰面湖、冰内湖，在古冰川系统中有冰碛湖、冰蚀湖和冰碛冰蚀湖。在许多现代冰川上，因为冰川的构造和消融作用在冰面上形成了一些凹洼锅穴状地形，冰川融水潴留其中而形成冰面湖；也由于冰川构造和消融作用在冰川内部形成一些封闭的穹窿洞穴，冰融水流入其中形成冰内湖。冰面湖和冰内湖都是一些不稳定的临时性的湖泊，因为无论是冰面湖还是冰内湖，湖中的水对于冰体而言都会对冰湖产生热融蚀和水动力作用，一旦冰湖湖堤被冲破或者被溶蚀洞穿，冰湖湖水就会在很短的时间之内宣泄一空。如此一来，在现代冰川末端就会经常出现如下一幕：既无大雨滂沱，又无冰川的强烈消融，可是冰川河流突然涨水，有时还会给下游地区带来意想不到的灾难，冲毁河堤、桥梁、森林、农田和村庄。

2010年的一天，一些游客到海螺沟冰川末端的“城门洞”附近游览，他们越过几处冰川融水溪流，深入到离冰川末端不远的冰碛滩上，又是照相，又是嬉闹。正在忘情欢快之时，随着一阵轰隆声，发现原来可以跨越的几处冰川溪流突然风生水起，原来细细的溪流变宽了，几条细流合流一处，原本清冽中略带乳白的冰川水顿时变得浑浊不堪，一些冰碛滩渐渐没入洪流之中。游客惊慌万分，多亏景区救援人员及时赶到将他们救出。这种现象在世界上许多现代冰川区常有发生，究其原因，其实就是这些冰川湖泊突然溃决惹的祸。

古冰川湖泊指冰碛湖、冰蚀湖和冰碛冰蚀双重成因湖。这些都是当年冰川运动过程中或因冰蚀形成负地形湖盆地貌，或因横断谷地的冰碛物堵塞，抑或两者兼而有之形成的湖泊景观。螺髻山所有的湖泊都概莫能外地属于古冰川湖泊，而且大多数属于以冰蚀为主、冰碛物叠加堵塞为辅的古冰川湖泊。

以上的地带，降水中固态降水量比例很大，丰水年份以及冬春季节和寒冷天气的降雪来不及马上补给湖泊，它们堆积在山坡上，当天气暖和时再融化成水流到湖泊中，而且有一部分融水渗入到石海冰碛物和倒石锥中，在天气变冷时再被冻结起来，在石碛中形成埋藏冰，在天旱雨水少的年份，这些埋藏冰就会融化补给湖泊。真所谓“近水楼台先得月”，姊妹湖靠近螺髻山主峰，有高山高峰作支撑的地理区位优势，有巨硕的倒石锥得以积累许多丰水年份的埋藏冰，即使暂时天旱了，湖水水位和水量也不会受到太多太大的影响。

姊妹湖在未来螺髻山的深层次保护建设和开发中具有不可限量的旅游景观价值。

雷雨交加大本营

晚饭还没有吃完，就听见一阵接一阵的山风从螺髻山西际天空方向刮来。开始的时候，只觉得森林的林冠层有被风吹过时发出的沙沙的响声；慢慢地，沙沙声越来越大、越来越密。突然间那风声又好像变小了，离远了。天渐渐地黑了下来，虽然有云，但是仍然有月光隐隐地从云层中洒向营地。帐篷都已经搭好，李银才队长和两位彝族向导同住一顶，李正敏和电视台的黎佳音住在一起，其他小伙子们分住两顶。李峰和大家说我年龄大，让我单独住在一顶帐篷里。人年龄一大，晚上睡得轻，一会儿又要上厕所，翻来覆去，会影响别人，所以我也就没有过多推辞，连忙说“卡萨，卡萨”（彝语：感谢，感谢）。

夜幕完全降临了。

年轻人从附近林中找来了好多干枯的树枝，彝族向导燃起了一堆熊熊的篝火，李银才高兴地从他那满满的背包中取出用塑料瓶灌满的螺髻山产的高粱白酒。依照当地彝族民众的风俗，他要用酒歌来庆祝这两天的成功考察，尤其是今天大家成功地到达螺髻山主峰区和姊妹湖与螺髻山主峰“直接对话”，深感此次考察对未来的景区建设和景区管理会具有特殊意义。

队员中的彝族小伙龙渝军的歌儿唱得非常好，尤其是彝族情歌，虽然我对彝族语言十分陌生，但是那声情并茂的歌喉实在让人有一种极想参与其中的冲动。不过我在这种海拔高度不能喝酒，加上沿途考察的内容和一些地貌环境现象也要记录下来，所以听了一会儿就提前回到了帐篷里，一边继续欣赏外面龙渝军他们那忘情的歌声，一边借助手

作者在主峰前留影。

电筒的光亮记着日记。经过一天的行军的确有些累了，记完日记后，我打开鸭绒被盖，想早点躺下休息。可是我突然感到一阵莫名的燥热，刚刚还是睡意朦胧，怎么转瞬之间变得格外清醒，于是将鸭绒睡袋的拉链拉开，但是过了一会儿又觉得有些凉，于是又将拉链重新拉上……如是反反复复，还是睡不着。我索性起来披上衣服，钻出帐篷，又到火堆旁边听李银才他们几个人说话、唱歌。李峰等大部分年轻人都已经回到了自己的帐篷，只有李队长还是睡意全无，他一边喝着高粱酒，一边兴致勃勃地憧憬着螺髻山更加美好的未来。

又一阵山风从高处袭来，将篝火吹得爆燃起来。看着拾来的枯枝即将燃尽，再说明天还要继续考察，我叫李队长还是早点歇息。重新回到帐篷后，我感到一阵晕眩，原来我担心的高山反应终于不期而至。

高山反应又叫高原反应，也叫缺氧反应。长期生活在低海拔地区的人临时进入海拔比较高的地区一般都会产生高山反应，生活在高山高原区的人如果进入更高地带也会产生一定程度的高山反应。

人类在长期的进化发展中更适应在氧气充足的低海拔环境中从事各类活动，只有较少人群，也就是世世代代都在高山高原地区生活的人适应高海拔地区的气候和地理环境。但是即使长期生活在高山高原上的人，一旦进入低海拔地区生活工作一定时间后，再重新返回高山时同样会有某种程度的高山反应。

当从低海拔地区进入高海拔地区后，人体内的血液和细胞得不到正常的氧气供应时，于是便产生相应的生理病变而导致高山反应。根据年龄和体质的不同，每个人的高山反应程度也有一定的差异，总的规律是年轻人的适应能力强于老年人，身体好的强于身体差的，而儿童和女性的适应力似乎都明显地要比其他人群强。高山反应的主要症状是缺氧引起新陈代谢系统和呼吸系统紊乱而导致的头痛、头昏、恶心、呕吐、呼吸困难、心跳加快、性情烦躁和严重失眠等，严重者或患有心脏病、肺心病和高血压等症状的人，如果得不到充足的氧气供应和及时治疗，还可能造成生命危险。

有的人高山反应会立竿见影，从内地坐飞机一到拉萨就会感到不舒服；有的人到了高原高山以后有说有笑，十分兴奋，但是过一会儿或者过几个小时甚至一两天之后才会感到严重不适。人的最初高山反应适应期大致为24小时，中等适应期为72小时，但要真正适应在海拔3500米甚至4000米以上的地方进行正常的体力和脑力活动，则需要一个月以上的适应期。我在长江源头格拉丹东地区科学考察时，见到有长期生活在海拔5800米地方的藏族牧民，可见人类能在高海拔地区生活的极限应该就在6000米左右的海拔高度。

如果从低海拔地区向高海拔地区行进的速度慢一些，适应的时间长一些，并且在这个过程中不做剧烈的体力活动，高山反应就会大大地降低、延缓甚至消失。

我们经过的山垭口海拔已经高达4000米，姊妹湖的海拔高度也在3700米左右，加上连续的负重攀爬，体力消耗又比较大，有点高山反应也是十分正常的事情。

我辗转反侧就是难以入睡，索性亮起手电筒补充记录还未记完的考察资料。这时我又听到李峰他们似乎也未睡着，隔着帐篷一问，他们都说头有点不舒服。我告诉他们这可能与高山反应有关，并且建议半坐半躺，大口吸气，再多喝些水或者饮料。这法子还真灵，过了不久大家都进入了梦乡。

大约半夜2点，突然一阵雷声把我从梦中惊醒，伴随雷声的是一阵高过一阵的林涛声。一时之间真有地动山摇的架势，隔着帐篷也能感觉得到那林涛声不仅仅发自高高的浓密的树叶树冠，同时也发自那粗壮高大的树干树身。估计一会儿将是大雨瓢泼，我得趁大雨来临前的间隙起身方便一下。出得帐篷，一片漆黑，依稀的月光早已不见踪影，许多枯枝树叶纷纷落下，打在帐篷上，发出嘭嘭的声响，瓢泼大雨终于随风而至，重重地洒在树冠上，再像瀑布一样从树冠的上面倾盆而下，在手电的照射下散发出上下飘动

科考队队长李银才。

的光流。我急忙回到帐篷里，帐篷地垫已经被浸湿，于是将登山手杖、登山鞋还有矿泉水瓶等不怕雨水的物件支垫在防水睡垫的四周，以防更多的雨水涌入打湿衣物和鸭绒睡袋。闪电时断时续，雷声时远时近，雨瀑时缓时急，隔壁的年轻人也醒了，大概他们的帐篷也进水了……

看来这不是一般的雷阵雨，而是一个系统的天气过程。几个月来中国西南大旱已成灾害，云南、贵州及四川西南部连续几个月河干塘枯，人畜饮水都成了问题，螺髻山的一些古冰川湖泊水位下降，有些小的湖潭已近干涸，这场迟到的大雨来得真是太好太及时了。

大气降水有许多类型，最为常见的一种是雷阵雨，另一种就是系统天气过程降雨。雷阵雨多数属于地方性降水，它是由地方性对流云层活动造成的降水过程，来得快、来得猛，结束得也快；系统天气过程则是由区域性或全球性环流活动形成的降水过程，这种降水过程延续时间比较长，覆盖地域面积比较广，降水强度和降水量也比较大。

受西南季风或者东南季风影响的降水都属于系统天气过程，还有中国江南的“梅雨”也属于系统天气过程。西昌地区四季气候并不分明，只有雨季和旱季之分，其中雨季的降水就属于系统天气过程。有时雷阵雨也可能是系统性天气过程的前奏，一场雷阵雨过后，接着就是一个大的天气过程。

看来此次降水属于后者，因为随着震耳欲聋的雷声渐行渐远，大雨并未停止。帐篷的防潮垫已湿透，鸭绒被盖也湿了一大片。好在帐篷里不算太冷，我干脆将鸭绒被盖卷起装进睡袋套中，半坐半枕，半睡半醒，一方面为西南大旱有所缓解而高兴，但是也为明天的考察冒雨行军而犯愁。滂沱大雨会让观察周围地貌形态的能见度大大降低，大雨中行军也会遇见许多可以想象的和想象不到的困难，因此又希望这场雨最好明天天一亮就能够停止。

风雨归程路

天终于亮了，但是雨却没有停止的迹象。烧水做饭是不可能的了，地上的枯树枝被淋得透湿，天像漏了似的不停地将雨水洒向螺髻山的湖泊、森林和每一寸土地。李银才冒雨将他背包中的糖果、火腿肠和各种点心分发给大家，临到给我的时候，分明又多了一份照顾。

其实我对吃食的要求特别简单，朴素淡定，几十年一以贯之，但我还是从心底里感激螺髻山管理局每个同志对我的关心和爱护。李银才年龄虽然比我小得多，但又比考察队的其他同志年龄大，他行军时负重最多，露营时也不停地为大家忙前忙后，看来这是一位事事都能够身先士卒的好同志，我从心底里敬重这位年轻的小兄弟。其实，螺髻山管理局上上下下，从局长到各科室的许多我所认识的同志都是业务娴熟，团队精神和责任心极强的人。后来考察完回到螺髻山镇，除了积极敬业的日常工作之外，几乎每天下班后，或者是周末礼拜天，李峰等年轻人都要组织打篮球和其他一些体育活动，不像大

鸟瞰黑龙潭景区。

城市上班见面时彼此礼貌性地点点头，下班后各走各路，即使住邻居，也是自成一统，两道防盗门将各自封闭起来，很少来往。

大家似乎都难以相信这雨还会继续下下去，因此各自待在自己的帐篷里，一边吃着队长分发给大家的方便早餐，一边隔着帐篷谈论着各自感兴趣的话题，只等天气稍稍转晴就继续出发考察。

可是这雨却丝毫没有要停的样子。

按照原定计划，今天必须完成考察而且必须返回螺髻山镇，至少也要回到黑龙潭宾馆，否则，携带的食品难以为继。虽然这是一场及时雨，但是心中也在极不情愿地诅咒这早不下晚不下的雨。要是晴天的话，大家又该发现许多更加有趣的地貌环境景观现象了，至少还可以对姊妹湖进行更为详尽的考察。

一直等到上午10点多，雨不但没有停的迹象，反而越下越大了。大家商量之后决定冒雨出发，否则将会面临食品短缺的严重问题。为了扩大考察成果，在向导的带领下，我们将沿着大漕河上游的北岸山坡顺势而上，然后再翻过两道山脊，一边考察，一边顺路回到清水沟黑龙潭。

野外考察就是这样，该走的路要走，该爬的山要爬，该吃的苦要吃，该冒的险要冒，该淋的雨要淋。野外科学考察从某种意义上讲就是探险，当然不可冒险，凡事要尽量讲科学，也就是科学探险。作为中国科学探险协会的常务理事，我参加过诸如雅鲁藏布大峡谷首次徒步穿越等著名科学考察。我的理念就是不言苦，苦中有乐，不主张冒险，每次考察必有科学收获，而且一定要平安归来，所谓“安全第一，第二还是安全”。

古冰川擦痕。

我们都希望雨会越来越小，或者雨过天晴，可是有时天并不遂人愿。今天这雨不但不停，而且越下越大，出发不久我们就完完全全浸泡在雨水中了，简直就是一只只落汤鸡。不但天上雨浇如注，树梢树叶上的水也会让你浑身上下、里里

雨中的杉树林。

外外湿个透。大家鱼贯而上，顺着一条壁陡的山岩慢慢地爬行。我告诫大家要时刻注意陡壁上面的动静，担心有滚石落下。透过雨幕，只见岩壁上依然擦痕处处，凹槽横陈，彰显着古冰川作用不放过螺髻山上任何古冰川曾经流过的地方。

螺髻山真是一个自然天成的中国第四纪古冰川遗迹博物馆。古冰川遗迹如此集中，如此广泛，如此典型，又如此风光旖旎。说句大话，就我而言，到目前为止算是在中国考察冰川区最多的一个人了，真的还没有见到像螺髻山这样堪称几无瑕疵的中国古冰川遗迹博物馆的山体。因为在这里，在这螺髻山上任何一个地方，你不想见到古冰川遗迹都实在很难。

可是在中国有的地方，比如黄山、庐山、北京的西山，就那么几块石头，有的人却硬说那就是“古冰川遗迹”，而且花大量人力物力财力去考察论证那些根本不可能属于古冰川作用范畴的地貌形迹，有的还堂而皇之地树立标牌，公然宣传和推销那些子虚乌有的伪冰川“遗迹”。虽然各派不时争论得面红耳赤，结果还是不能够统一认识。其实他们只需到螺髻山来看一看，亲口尝尝螺髻山这个古冰川真“梨子”的味道，一定不难判断谁是谁非了。实际上，冰川的存在并不是一种孤立的自然现象，它不像古墓文物，也不是鸡窝独矿——此处有，踏出一步也许就没有了。

冰川作用是和整个大环境密切相关的一种系统地质地理和历史气候现象，比如说如果庐山真有过冰川，那么在地球的北半球和庐山一样纬度、一样高度、一样降水条件的山地都必然应该有过冰川。黄山、西山亦然，概莫能外。奇怪的是，有的人，也是一些所谓的教授、科学家（遗憾的是并非冰川学家），哪怕只是看到热带、亚热带地区的一些类冰川现象，就说他发现古冰川遗迹了；而一些媒体也跟进炒作，甚至在地方政府的鼓励和支持下，建立所谓的古冰川遗址公园，收费赚钱。殊不知，如此一来，对国民，尤其对我们的下一代，将会有多大的毒害啊！更可悲的是，明明是是与非的争论，明明是科学与伪科学的争论，明明是一加一等于二还是等于一百的争论，有的人却说“这是正常的学术争论”。这貌似公允，却是伪科学的同路人。

大约11点，我们上到一座基岩山脊。向右下方望去，只见大漕河谷地和清水沟谷地大同小异，整条谷地的中上游宽而下游却比较窄，在茂密的原始森林掩映下，可以隐隐地看到至少还有三个古冰川湖泊珠串其中，还有几处小湖泊也由于天气干旱等原因已经枯涸。仅从谷地U型形态的纵向分布看，第四纪古冰川规模最盛时期，大漕河古冰流下伸的长度不及清水沟，虽然当时冰川末端海拔高度下降得和清水沟差不多，却似乎还远远没有达到谷地出山口以外的地方。

翻过基岩山脊，我们进入螺髻山东坡的又一个流域，凭感觉应该是小漕河的上游。这里仍然是树木葱茏，但是坡度却比大漕河要陡一些，向下游望去也有一些古冰川湖盆地形，规模甚小，即使注满水也只能叫作潭或池，景观品位自然不可和黑龙潭、牵手湖、仙草湖以及大漕河谷地的姊妹湖等同日而语。但小有小的好处，小有小的看头，小有小的妙曼。在前行的途中，我们就看见在一个小潭的岸边有搭过帐篷的痕迹。向导说，那是前不久一位摄影爱好者来这里拍摄杜鹃水景，将这个小小的古冰川潭池作为背景。祝福那位摄影家，他慧眼识珠，来到这充满灵气的古冰川遗迹地采风创作，虽然潭小水少池浅，但他也一定会满载而归，因为大凡古冰川湖泊都有漫长形成过程的历史凝重感，都是有“灵气”的。

U型谷和古冰川湖。

瓢泼大雨丝毫也没有减弱的意思。巨厚的林

仙草湖。

下落叶和腐殖质吸满了雨水，稍微用力一踩就会冒出水来。可别小看了这些落叶层的作用，它们不仅通过腐殖质的形式反哺营养着它们的母体森林植被，而且对雨水流失的阻滞和森林土壤水分的保育都起着十分明显的作用。要知道，和土壤、热量一样，水分更是生物多样性和良性生态平衡必不可少的物质条件。

森林植被的落叶倒木形成的腐殖质，在水分的浸泡中加快了其腐殖质化过程，分解出来的氮、碳、磷、钾等营养成分一部分就地满足了森林植被生长发育之需，一部分随着地表或地下径流汇流到山间湖泊和河流中，成为沿途流域许多生物的营养物质。比如清水沟上游的仙草湖所谓的“富营养化”，就是大量腐殖质随着林下径流流入其中而形成的湖泊生态演替现象。螺髻山森林植被的残枝落叶形成的腐殖质，以及流域内相关的矿物质随着山间河流流到山外，灌溉农田，成为了粮食的“粮食”，从而为世世代代的螺髻山人民的生存发展起到了不可或缺的作用。

林中腐木很多，有的横陈沟边路旁，有的堆满潭滨湖岸，有的残桩朝天，有的散乱断折，有的树形依稀还能够看到它们当年倒伏的模样。由于山高路陡，不易通行，即便

彩洛湿地。

在那见树就砍、见树就伐的疯狂岁月里，包括螺髻山在内的不少大山深处的原始森林仍然得以保护。但是树木也有年龄，植物也有老死的时候，还可能受到病虫害或雷击、山火等自然灾害的影响而死亡，所以在任何原始森林里都不难发现大量自然的倒木或者腐木现象。

山路时而陡峭时而舒缓，雨柱还在不停地从头顶上浇淋下来。大家浑身上下里外早已湿透，多余的雨水从身上流出，走一路洒一路，仿佛一身长满了泉眼似的。在几处凹洼的山岩洞中，我们发现了一堆一堆野生动物的粪便，有的还散发着热气，大概听见人声就跑掉躲起来了。向导比我们走得快，有时只能从他们的声音来判定跟进的方向，一不小心听不到声音，就只好自己判断从哪里前进，不过这最容易走错路了。

在野外考察，当体力消耗过大时，在地球引力作用下，容易产生向坡下走的惯性和惰性，尤其在迷失方向的时候。就在发现动物粪便后不久，经过一道陡岩，前面的向导走远了，后面的人又没有跟上来，我下意识地顺着一条斜坡下行，走出了500多米后，突然听到向导的声音远在高高的山梁上方。好在跟在我后面的人不多，只有李银才和小龙，他们也是为了照顾我才步入了我的“错误路线”的。

为了不至于再次走错方向，李银才凭着他那年轻矫健的身体和关心我的责任心，几步爬上一个突出的高台给我指路，并不断和前方的向导高声联络着。

野外考察最怕走错路，尤其是“舒舒服服”地向下走了半天，却又要花费更多的体力和时间辛辛苦苦地爬向更高更陡的前方目的地。

过了一个山嘴，又见一湾“乱石窖”横亘在我们的面前，原来这是发育在螺髻山东坡的又一处石海。石海看起来像是一片乱石窖，其实它们的分布排列还是有一定规律的。在地球引力的作用下，石海中的石砾会发生缓慢的向下运动；同时石砾中的水分会在夜里和冬季发生冻结形成多年冻土或者季节冻土，冻土在白天和夏天发生融化。就在这反复的冻结—融化过程中，石海砾石又会因为粒径、形状、重量或者比重的差异而发生大小和方向排列的分选。当然还有流水冲动和大风吹刮的影响，所以要是细细地观察就会发现石海中大部分石砾的长径与坡向一致，大头指向山坡的下游，尖头指向山坡的上游，有的长大的石砾还会直刺苍穹，仿佛是人为一般。这种现象的发生理所当然地归功于冻土的反复融冻作用了。

可别小看了这种看似不起眼的融冻作用，它可以让巨大的石砾发生运动，可以让坚硬的岩石裂变风化。众所周知，世界上几乎所有的物质都有热胀冷缩的性质，唯有水在一定温度范围内具有热缩冷胀的特征。就是说，水体在发生降温冻结时会产生巨大的膨胀力。如果水分渗入岩缝中，一旦发生冻结，那种冻结膨胀力足以使岩石裂缝扩张粉碎，这就是所谓的“寒冻风化”。前面提到过的石环、石条、石带和石海等冰缘现象无不与冻土的融冻作用和水分的热缩冷胀特性相关。

古冰川漂砾。

眼前的这片石海规模比较大，上

下长度达2千多米，平均宽度约为100米。石海虽然在不停地运动，可是人的肉眼却是观察不出来的。走近或深入其中还会发现，石海中原来别有洞天：小的石砾形状犹如桌椅几凳，大的则超过房屋；有的重叠错落，有的凌空棚架；有的平整如铺，有的横卧如埂。一些彼此棚架的砾石下面形成大大小小的空穴，以前上山的猎人可以以此遮风避雨，更多的一定是山中各种动物尤其是大型野生动物的理想家园，夏天躲风雨，冬天避严寒。

如果有一天地球气候重新变冷了，冷到螺髻山又可以回到冰冻圈王国，重新发育冰川，那么这些石海很可能成为新冰川的基础。在冰川的运动中，石海中的石砾就会变换角色而成为冰碛物，运动到更低的下游成为终碛垄、侧碛垄或者冰川漂砾，就像目前在螺髻山镇附近看到的各种冰碛漂砾现象一样。

可是如果目前气候变暖趋势一味地加强加快，这些石海中的冻土将加快融化速度，石海的运动速度也会加快，风化程度也将会随之加快加强，最终有一天将会化为细沙泥土，成为一片新的森林植被生长的土地（专业上叫“迹地”）。无论是变冷还是变暖，从冰期和间冰期的时间尺度看，当然这个过程是很长很长的，一般都是以万年以上时间周期计算的。

20世纪90年代初，我受日本京都大学防灾研究所赤松纯平教授之邀到日本访问时，曾到一个叫白头山的地方考察。白头山位于日本中部，海拔在3000米左右，地理纬度位置相当于中国的山东济南和甘肃兰州一线。白头山降水量十分丰富，平均年降水量超过2000毫米。日本科学家利用人工和机械将白头山高处在冬天的降雪集中堆放到一个背阴的山谷中，形成了一个人造的冰川，由于冰川规模很小，又是人力所为，于是叫作“人造婴儿冰川”（manmade baby glacier）。日本是一个无现代冰川分布的国度，海拔3776米的富士山在冰期时曾经发育过冰川，但现在仅在山体的上部有季节积雪或多年积雪。由于日本地处太平洋之中，是一个被海洋四面包围的岛国，几乎所有的

生长在古冰碛中的植物。

大城市都位于海拔50米以下甚至10米以下的滨海地区。一旦地球气温持续变暖，世界上的冰川解体，海平面上升，日本大部分人口居住之地将要遭到海水淹没而成为泽国，因此日本政府十分重视冰川学的研究。他们的研究范围包括南北两极以及世界上几乎所有有冰川分布的国家和地区，包括我们中国西部的各大冰川分布区。

螺髻山中的猕猴。

白头山“人造婴儿冰川”长300多米，宽50多米，厚度大概只有20来米，不少日本科学家每年定期到那里进行相关的观测，取得数据，进行科学研究，同时也为旅游观光、教学实习和科普教育提供了一个难得的“现代冰川”实体样地。上世纪的1987年，我和日本友人在西昆仑冰川区考察时，日本著名冰川水文学家樋口敬二教授每每论及日本白头山的“人造婴儿冰川”时都很是自豪，因为那正是他和他的同行们的杰作。屈指算来，那个日本的“人造婴儿冰川”如今也该年近半百了，不知长大了还是变小了抑或是夭折了？

在我国许多海拔4000 ~ 5000米的山地就有一些堪称“婴儿冰川”的小型冰川，比如四川黑水县三达古沟源头就发育着几条婴儿冰川。这些婴儿冰川是气候变化最敏感的监测窗口，它们的“冷胀热缩”“一颦一笑”“一举一动”都明显地反映出当今气候环境的寒暑变迁。

螺髻山主峰区应该有“人造婴儿冰川”的条件，无论是主峰区的地形地貌还是丰富的降水量都不是大问题。如果有一天也把冬天的积雪用人工和机械（比如几台大功率的吹扬机）集中堆放在一处背阴的峡谷中，每年都用过量的冰雪堆积抵御夏天的高温融化，使一个“人造冰川婴儿”年年都处于积累多消融少的“正物质平衡”状态中而得以延续下去，那将是一件非常有趣，更是一件十分有意义的事情。

事实上，就在石海中偶尔也会发现一些草本植物甚至杜鹃和一些零星的松、杉等乔木植物的身影。要知道，冰川是气候的产物，而冰川退缩后形成的新的植被演替迹地更是气候的产物啊！

我们必须跨过石海。大家在巨大的石碛上缓慢地行进，石碛很滑，尤其是长有苔藓和地衣的石碛，天一下雨就犹如铺撒上了一层润滑剂，弄不好就会滑倒摔伤。

野外科学考察和探险，包括登山科学考察探险，要说辛苦莫过于科研人员了，因为除了行军爬山，他们还要观察沿途的各种科学现象，并且要做详细的记录，有时还要采集标本、照相摄像，真是一个人要当做几个人用。比如我参加过好几次由国家组织的登山科学考察，无论是在天山最高峰托木尔峰（海拔7435.29米）还是在东喜马拉雅山的最高峰南迦巴瓦峰（海拔7782米），登山队员们只要登顶成功就算是圆满地完成了任务，可是科考队员们除了艰苦的登山行军之外，必须进行更加艰苦、细致而且更为长期的科学考察工作。

石海彼岸又是一片茂密的原始森林，林下的苔藓地衣受到一天一夜的雨露滋润尽显勃勃生机，鲜嫩的蘑菇破土而出，红景天那粉红色的小花更显娇媚。两只山鸡带着一群雏鸡宝宝一边抖撒着身上的雨水，一边在雨水浸泡的腐叶中觅食。为了饥饿的小宝宝们，山鸡爸爸妈妈不顾我们人类的突然出现，不顾大雨滂沱，依然我行我素，继续辛苦地翻啄着它们赖以充饥的昆虫蝼蚁——即便山禽飞鸟也足见父母对儿女的牺牲疼爱精神。

螺髻山的爬地柏。

向导说再上一道斜坡，翻过一道山脊就可以看到清水沟流域的黑龙潭了。

斜坡上又是一片密密的杜鹃林。在高大的乔木树林中行军虽然也很辛苦，但比起钻那些低矮的杜鹃林就好了许多。在乔木林里视野稍微开阔些，大家彼此还可以看得见，互相有个照应。可是一旦钻进

雨中的螺髻山原始森林。

杜鹃林一类的灌木林里，就好比《西游记》中猪八戒被套上了捆身索，浑身的解数都不好施展。螺髻山的高山纯杜鹃林大多数都分布在山脊的两侧坡面上，尽管此时花期正盛，可是大家此时却无心赏花，只想快一点穿过那密密麻麻的杜鹃林，这就叫此一时彼一时也。眼前灌丛如堵，头上大雨如注，队员们各自寻找可以穿行的路径。年轻人身体活络，走得较快。要是没有灌丛挡道，我或许可以和他们一比高低。可是到底好汉不比当年勇，年龄不饶人，尤其是当体力消耗到一定程度时，年龄所表现出来的差距就十分明显了。在李银才的陪同下，我几乎是下意识地拨开每一处带雨的杜鹃树丛，挪动着越来越沉重的双脚，慢慢地一步、两步……什么叫作用脚步去丈量路程，这就是！但是我相信，只要坚持，前方的目标一定会越来越近，这也正是科学考察和科学探险的又一种精神吧。

这一片杜鹃林虽然不大，却耗掉了我们一个多小时的时间。当我们终于穿透了那片美丽的灌丛林，准备下山时，前面传来“还有一个山梁”的信息。几个年轻人不无揶揄地对向导说：“何不一次把要走的路况说清楚，省得老吊大家的胃口。”当过螺髻山乡长的沙玛日良说，自从封山育林后，他们也有好多年没有上过螺髻山无人区了，也和大家一样是“摸着石头过河”呢。自从我国决定实施天保工程（天然林保护工程）和长防工程（长江流域防护林保护工程）以及禁砍禁伐、封山育林等政策后，我国林地面积在近30年以来大幅扩大。俗话说“百年树木”，其实只要理念对头，尊重自然规律，关注生态平衡，只需十年，我们的国家就会绿满江河，就会大地葱茏，就会“全国山河一片绿”。

螺髻山地处北半球西南季风和东南季风的交汇地带，无论是从印度洋孟加拉湾北上东移的西南季风，还是从西太平洋北上西送的东南季风，都可以源源不断地将大量水汽输送到这一方“风水宝地”来，在螺髻山的“热情挽留”（山体对气流的扰动、截留和抬升作用）下，形成规模降水。因此这里自从古冰川消退后，在非常丰沛的雨水滋润下，逐渐演替成为今日的原始森林区。原始森林里自有它们自己生态系统的演变规律，每天都在发生着许多变化，“一日不见如隔三秋”，何况多年不上山打猎伐树的彝族同胞们呢？老乡长沙玛日良和他的同伴沙玛日提都说哪怕天天上山都会迷路。可不是，真正的大自然就是如此，树木花草春华秋实，季节变换移步换景，路无定向，地无定形，林木繁茂，一叶障目，迷途错向，也是再正常不过的事情了。

又经过半个多小时的艰难跋涉，我们终于来到了一处半月形的山脊上，从这里向左手方向向上望去，正是我们昨天经过的月亮形南天门山隘；向右手方向望去，则与索道上站的山嘴连为一体。此处山脊地面狭窄，一些零星分布的古冰川漂砾表面覆盖着一层又一层地衣和苔藓的活体和残体。大概是风大的原因，雨变得小了。透过雨雾，黑龙潭

原始森林和古冰川湖。

依稀可见，大家终于能够长出一口气了。前面的路程是下坡，虽然多数人的体力消耗已经到达极限，但是时间才到下午2点多，离天黑还很早，更何况只要到了黑龙潭就等于回到目的地了。明确的目标就是希望，就是信心，就是力量。

雨中登山道。

回首来路，虽然艰苦，但是收获不少，弄清了螺髻山东南坡的区域山势地形地貌，尤其是螺髻山主峰区和大漕河的森林植被、湖泊溪流以及古冰川作用遗迹的分布情况。当然也有遗憾，要不是突然下大雨，我们还会在螺髻山主峰区做更多的科学考察，或者跨到姊妹湖对岸，穿过杜鹃林，爬到主峰半山腰，或者沿着姊妹湖出口深入到大漕河腹地，在那里也许还会有更多的发现，比如大的古冰川侵蚀刻槽，比如更加美丽的古冰川磨光面。野外科学探险，尤其是高山科学探险总归会不尽如人意，总归会留下许多遗憾，而这正是科学探险和科学考察有无限魅力之处。因为即便在我们人类生活的这个星球上，包括螺髻山，大自然的奥妙是永远都不可能也无法穷尽的。

很累，恨不得躺在地上呼呼大睡一觉，可是我还是相信“精神变物质”这个道理。考察有了收获，马上可以回到黑龙潭了，大家一阵欢声笑语后，仿佛浑身上下又有了使不完的劲，于是腰身一躬，跨过一湾石海后，钻进了又一片密林，开始了下山的行程。

俗话说，上山两腿累，下山两腿软。上山累了可以歇一歇，喘喘气再走，下山时两腿发软却往往不想停住自己的脚步，结果弄不好就会“马失前蹄”摔跤滑倒。

雨似乎真的小了一点，李峰几个年轻人一边走一边还忘不了调侃开玩笑，看着彼此浑身淌着水，说道：“不知道那是雨水、汗水还是别的什么水？”“管它什么水呢，反正里里外外湿透了，连裤衩子也不例外。”

大约下午3点30分，我们终于越过最后一片由杜鹃、桦树和冷杉构成的原始森林，来到了黑龙潭湖畔。双脚踏上了那条从九龙县运来的云母片岩铺成的湖滨小道，好比走上了一条红地毯铺就的星光大道，惬意极了。雨真的变小了，只见三三两两打着雨伞的游人悠闲地欣赏着螺髻山的湖光山色。看到我们背着行装、浑身湿透、一身疲惫，游人们就议论着："看，这些人才是真正的旅游者。""下一次我们也要学习他们，背着行李来山中冒雨野营吧。"

李银才队长怕我太累了，建议说在黑龙潭宾馆休息一会儿再上索道站。我说还是继续走吧，早点回到螺髻山镇驻地，我还要尽快整理两天来的考察日记呢。

站在宽阔、平静而又美丽的黑龙潭边，抬头向西边雨岚中的阿鲁崖望去，山那边就是螺髻山西坡，无论是麻栗沟、西北麓的摆摆顶还是西南麓的高桥沟，那里的地貌景观也是螺髻山第四纪古冰川所为，一样的湖光山色，一样的叠绿涌翠，那里还有地下仙境西溪仙人洞、迷宫一样的黄联关土林、得天独厚的珍稀保护植物德昌杉，更有安宁河谷发达的农耕文明，我相信一定会给人们另一番意想不到的惊喜。按计划，螺髻山旅游景区管理局还会安排螺髻山西北坡的考察，其考察内容将是本书的下一章——"三上螺髻山"。

马上要下到索道站了，回望黑龙潭，我的心境就和那一潭古冰川湖泊一样，宽阔、平静和美丽，尽管此时我们疲惫得几乎连上索道缆车的力气都没有了。

三 上 螺 髻 山

“西子浓妆，峨眉淡抹，螺髻天成。”螺髻山的湖泊大小不一，五彩缤纷。湖中群峰树丛倒映，云影天光，景色奇绝，令人流连忘返，恰如螺髻山的灵魂一般。螺髻山是一块尚未雕琢的美玉，充满原始的自然之美，更有无数秘密等着有志者去探索发现。

螺髻山下话螺髻

2011年 5月的西昌，稻田翠绿如染，石榴花红似火，加上到处爆开的三角梅，使得这个有月亮城之称的美丽高原盆地又是一番格外的美丽。可是我却无心在这邛海之滨流连徜徉，因为螺髻山的西北坡还等着我和螺髻山旅游景区管理局科学考察队的朋友们去再做一次科学考察。

5月11日一早，在螺髻山彝寨举行了简短而庄重的仪式后，日海局长宣布考察队出发，我们开始向着螺髻山的西北坡方向，向着摆摆顶，向着直落达沟，向着螺髻山的另一方秘境前进。

我们沿着西（昌）普（格）公路一路上行，在一个叫作大箐村的地方分道西南而行。顺着这条蜿蜒的山间公路可以去西昌县所辖的西溪仙人洞地下喀斯特溶岩景观和黄联关镇土林景观参观考察，还可以去德昌县领略百里石榴园的红火胜景，甚至也可以向南直达攀枝花大裂谷参观我国大型新兴钢铁冶炼基地，顺便还能够感受一下那里的“苴却”名砚的文化氛围。

不过，我们一行考察重任在身，在离开大箐村约5千米后，汽车就迫不及待地拉着我们向南拐进了一条乡村土路。日海补杰惹指着不远处的一座村

螺髻山简图。

庄说道："摆摆顶村快到了。"在那里，我们将要弃车步行，顺着一条叫"直落达沟"的右侧山梁向螺髻山西北坡的纵深探险考察。

"摆摆顶"村平均海拔约为2600米，它的彝语名称叫"格格乃杰"，原本是山垭口的意思。在它的南面螺髻山主山脊之上还有一座叫"摆摆顶山"的山峰，海拔高达4182米。"摆摆顶"听起来像个汉语地名，但是包括日海补杰惹在内的当地人都不能说清楚这名字的由来。问为我们当向导的村民，他们也说不明白这"摆摆顶"到底所为何来，更不清楚是先有那高高在上的"摆摆顶山"名称呢，还是先有他们休养生息的"摆摆顶村"的名称。

不过还是日海补杰惹说得好："我们是一个和睦的多民族国家，在漫长的历史长河中，各个民族互相学习，取长补短，彼此交流，在文化上，在语言里，甚至在思想的记忆中，都被烙上了许许多多深深的共同印记，有的甚至达到了水乳交融的程度，无论是摆摆顶还是螺髻山，它们的汉族名称得到当地广大彝族同胞的认同就是这种民族融合的最好例证。"

螺髻山秋色。

说到螺髻山，顾名思义，这是一个典型的汉传佛教的地名，因为“螺髻”就是汉传佛教中观音大士头顶上的发髻。自然，在当地彝族同胞中，并不排斥这种有关汉传佛教的历史记忆。在彝族中流传着相关螺髻山曾经是汉传佛教圣地的故事，不过由于地方原始图腾崇拜和汉传佛教在“斗法”比赛中，彼此的功夫不相上下，结果佛教大师主动禅让，并且移居到了峨眉山，于是便有了中国“四大佛教名山”之一的峨眉圣地，并且从此闻名遐迩，而螺髻山则成了彝族同胞世代聚居生活的美好家园。

其实在一些历史典籍中，也曾说到螺髻山早在汉唐时代就曾经是中国的佛教圣地，最盛时寺庙十三座，寺僧三千多众，后来由于战乱等原因佛事败颓，再后来川西佛教重心移至峨眉山，长期以来就有“隐去螺髻，始现峨眉”和“螺髻山开，峨眉山闭”等说法。

当然，这仅仅是有关螺髻山“螺髻”故事的几种传说中的一两种而已。不过我倒是更加同意“禅让”说法，因为这个故事充分体现了汉族和彝族同胞和谐共处的友好传承和历史氛围。

在我国许多地方都有类似的例证。比如北京的雍和宫就是具有典型藏传佛教特征的

佛教圣地峨眉山。

皇家宫殿建筑，河北省承德的“避暑山庄”更是当年为了迎接五世达赖而修建的“小布达拉宫”，而山西的五台山寺庙也有明显的藏传佛教建筑风格，以至于西藏不少的喇嘛教信众都把一生中得以到五台山朝拜作为自己最重要的愿望之一（他们另外一个最重要的愿望就是能够到拉萨的布达拉宫朝拜）。在西藏喇嘛教信众心中，内地的五台山和西藏藏传佛教有着十分紧密的佛缘关系。

在四川的成都平原有两处著名的古蜀文化遗址，一处就是享誉国内外的广汉三星堆遗址，另外一处就是与三星堆文化一脉相传的位于成都市区的金沙遗址。有学者研究认为，这两处遗址中有不少古蜀文明的青铜面具特征，甚至文字符号也和彝族文明具有共通之处；还有人研究得出结论说是古蜀国的杜宇王原本就是一位彝族部落的首领！

中华文明五千年来的传承和发扬光大都离不开每个兄弟民族的聪明才智和不朽贡献。

摆摆顶村的古冰川遗迹

摆摆顶村有200来户彝族居民，当年这里可是西昌地方一个著名的国营牧场企业，那时的摆摆顶彝族同胞人人都享受着“居民”户口的待遇，附近的种羊场和山里的牦牛牧场不仅生产着西昌人需要的牛羊奶制品和牛羊肉，还有大量的羊毛、牛毛外销，以换回必要的地方财政收入。

螺髻山西北坡古冰川迹地。

如今的摆摆顶村民再也不吃“国家粮”了，日子也过得比以前富裕多了。他们不仅村里有土地，而且山上有牧场，牧场可以养牛放羊，地里可以种小麦、玉米和土豆，村前屋后还可以栽种苹果、花椒一类的经济作物。地膜技术大量推广后，许多原本生长不好、产量很低的时鲜蔬菜也能够在自家的园子里长得绿油油的，又肥又嫩，除了自家吃，用农用车拉到西昌菜市场上还可以卖出一个好价钱哩！

作者与张樾教授在螺髻山西北坡考察。

在摆摆顶的村前村后散布着一些大大小小的零散石砾，根据它们的磨圆度（比一般河流中的鹅卵石差远了）和保留在石砾上面的擦痕，加上这一带海拔高度（2600米左右），尤其是它的后山源头的摆摆顶山已然达到海拔4182米，我据此推测当年的古冰川下界至少已经覆盖到摆摆顶村一带。如果和东坡清水沟出山口比较，此地当年也是一条溢出山谷的宽尾冰川！只不过摆摆顶村的古冰川沉积后来受到过冰水或者冰川泥石流的夷平作用，因为从目前它“上小下宽”的扇形形态完全能够想象曾经被后期泥石流和流水改造之前的“宽尾冰川”的宏伟景象。

考察队徒步行进。

在一般的情况下，判断当年的冰川是否曾经溢出山谷之外形成宽尾冰川，只需在谷地出山口以外发现是否有古冰川冰碛物堆积就可以了。如果这些古冰川堆积物依然保持完好，那么其中的终碛垄一定是呈弧形状，就像在螺髻山东坡清水沟口见到的一样。

科学考察队在摆摆顶村弃车步行上山。考虑到我的年纪偏大，螺髻山旅游景区管理局为我雇了一匹马。这是一匹黑马，个头不算太魁伟，但是凭我年轻时开始在西藏和新疆考察时放马驰骋几十年的经历，一看就知道这是一匹脚力特好的“宝马”。同时骑马上山的还有日海补杰惹和辽宁师大的张樾教授。

西北坡的古冰蚀地貌。

隐约可见的西北坡高山古冰川磨光面。

西北坡冰碛物。

张樾教授是北京大学崔之久先生的学生，崔教授和我也有几十年的交往，他的夫人谢又予教授还是我的广元小同乡。我还有机会两次陪同崔之久教授到贡嘎山东坡海螺沟冰川考察。1996年，当我们途经大渡河在冷碛镇附近的回水湾岸边休息时，因为受到那时大渡河上放排漂木的启发，谈到人生有时如江中的“漂木”：也许一根栋梁之材，正好在这个回水湾的地方漂近了岸边，如果恰巧被一位农人扛回家去，或许用它修了猪圈牛棚，或许当成劈柴做了薪材之用；可是另外一些弯拐细树甚至一些朽木烂片也许就能一漂千里，一帆风顺……这就是崔先生和我感慨过的人生“漂木”理论。

张樾教授是带学生来螺髻山进行教学实践的，同时也是为了完成一项有关第四纪古冰川研究的基金课题任务。由于崔之久先生的关系，加上崔教授也曾在螺髻山做过卓有成效的第四纪古冰川研究，我们一路有了更多的交流话题。张樾说，他也在不久前听到崔之久老师给他讲起过所谓的“漂木论”。

红豆杉，成片的红豆杉

天气出奇地晴朗，一出村口就进山，我们挽缰骑马沿着一条山间小道缓步行进到直落达沟谷之中。

每次来到螺髻山，无论走到哪条沟的沟口，都会有一种即将进入“世外桃源”或者“柳暗花明又一村”的奇妙感觉。

引马望去，只见远山近树，还有那山后高高的天穹，呈现在我们眼前的活像一幅中西合璧的画图。眼前近处的古冰川漂砾上的每条擦痕边棱都清晰可见，每一条皴痕折线也都历历在目。还有那索玛花树的叶脉和盛开的花瓣花蕊上的露水珠都像写实的国画，每笔每划，一丝不苟，尽入眼帘。而将目光稍稍向远山和山后的天空望去，无论是雾霭、云彩，还是有几片云彩萦绕的半个月亮，在太阳的辉映下，或者浓浓的，或者淡淡的，乍一看似乎有形有状，待你仔细观察时又有些虚无缥缈。此时中国国画的效果顿失殆尽，却又分明是一幅西洋画的意境。尤其那“日月同辉”的绚丽景象，此时似乎也只有西洋画才能够更显淋漓尽致的艺术张力。

直落达沟的彝语原名叫“直撤落达沟”。在彝语中，“直撤”是漆树或者有土漆出产的意思，“落”即山沟的意思，“达”或“得”在彝语中是一个状语助词，就是泛指一个地方，后来为了说话简便，便叫成了直落达沟，也就是说“直落达沟这个地方”。

我差不多20年没有骑过马了，可是骑马的要领还是记得牢牢的。这就如同一个人一旦学会了使用筷子，相信一辈子也忘不了那使用筷子的技巧了。

这匹黑马走得很平稳，大约它也感觉出来了我这位骑手并非等闲之辈。只是我刚刚骑上去的一刹那，它表现出了一丝丝的“桀骜不驯”，可是随着我两腿对着马肚稍稍地

螺髻山西北坡直落达沟U型谷地。

一夹，又将缰绳微微地向上向后一收，这马儿便打了一个响鼻，乖乖地驮着我不紧不慢地向沟内前行了。

走了不到2000米，刚刚拐过一个弯，我就被两旁纷繁复杂的植被群落所吸引，这里有被当地彝族同胞叫作“索玛花”的杜鹃花，有散发着淡淡幽香的金露梅，有开着白色花团的铁线菊，还有一些一时叫不出名字的牵着软藤、长着毛刺、发着嫩芽、开着小花的各种蔷薇科植物，随着嘚嘚前行的马蹄声一丛一丛地向我的身后退去。多年的野外考察经历，尤其是多年多学科综合野外科学考察的积累，我向同行的其他专业的朋友们学习了一些动物、植物甚至微生物等学科的知识，在后来的科普写作中又阅读了大量的有关参考文献，于是也有意无意之间掌握和熟悉了有关专业的某些知识和识别方法。对一些觉得陌生但是特征奇异的东西，尤其是一些植物，我会采集标本拿回去请相关专家帮助鉴定和认证。总之，不仅要知其然，也要知其所以然，这成了我的极大喜好。

生长在螺髻山直落达沟的红豆杉原生林。

只要在野外，我都会对周围的一切不停地看、不停地记、不停地问，包括向向导和民工请教。

电视剧《西游记》里有句歌词讲得好：“敢问路在何方？路在脚下。”那么，一个人的学问和知识在哪里？就在一个人的眼里、嘴里和手中。什么叫学问？就是随时向别人学向别人问，不停地学不停地问。就你不懂的事情多去问问别人，多去观察自然现象，然后不厌其烦地用自己的手去记录，用自己的大脑去思考，日积月累，自己的知识就多了，“学问”就大了。

突然，一棵十分熟悉的树种映入我的眼帘——红豆杉！

我和红豆杉是很有缘分的。我曾长期在贡嘎山海螺沟搞科研，对那里的山山水水可以说如数家珍，耳熟能详。海螺沟就有不少红豆杉生长，尤其在海拔2600米左右的原始森林里，随意就能够发现几株惹人怜爱的红豆杉树。

1998年秋末冬初，在举世闻名的世界第一大峡谷——雅鲁藏布大峡谷的徒步穿越科学探险考察中，作为瀑布分队的队长，我有幸带领瀑布分队的17名队员，率先突入无人区，抵达雅鲁藏布大峡谷大拐弯的核心区，认定和考察了著名的“虹扎瀑布”。也就在突入大拐弯核心区的途中，我发现了在那茂密的原始季风雨林区，也有成片的原生红豆杉林生长分布，这也成为了那次科学探险考察最抢眼的亮点新闻，通过随队采访的中央电视台记者牟正篷女士的报道，由海事卫星将消息发回到北京，在中央电视台新闻频道进行了滚动式播送。在当年的全国十大科学新闻评选中，在大峡谷无人区发现红豆杉林、发现大瀑布群、首次对大峡谷无人区冰川进行考察的消息位列第二。此后，红豆杉的知名度越来越高，并于1999年被列为国家一级保护植物，2004年第13届《濒危野生动植物种国际贸易公约》缔约国大会将红豆杉列入公约附录。

在那次雅鲁藏布大峡谷徒步穿越科学考察归来之后，我撰写的论文《世界第一大峡谷——雅鲁藏布大峡谷科学考察新进展》在1999年5月发表在《山地学报》上，其中对大峡谷无人区天然红豆杉林的发现经过及其环境和经济意义进行了科学论述：初步考察认为，大峡谷无人区发现的红豆杉树可能属于西藏红豆杉，又称喜马拉雅红豆杉，学名为*Taxus Wallichiana Zucc*，属红豆杉科。这是一种常绿乔木树种，叶呈条形，螺旋状互生，侧枝尤为发达，枝下高（即树木的第一层枝条距离地面的高度）可低达1米。侧枝杉叶排成两列，微向上呈V形开展。叶片很密集，叶片的中脉隆起，下面有两条淡黄气孔带并且生有比较密集而细小的乳头状突起点。雌雄异株，球花单生在叶脉处，种子也就是红豆为扁卵圆形，紫红色，生于红色内质的杯状假种皮中，长

西藏吉隆县生长的红豆杉。

可人的红豆杉果实。

约6厘米，直径为4 ~ 5毫米。红豆的前端有椭圆形小孔，因为形似动物的肚脐而被称为“种脐”。

西藏红豆杉植株一般高15 ~ 20米，胸径最大可达60厘米以上。这里说的胸径指树木在齐人胸部高处的直径。

在我后来的多次考察中，这种红豆杉在喜马拉雅山南坡屡有发现。比如，在从西藏吉隆县吉隆镇到热索沟的中国和尼泊尔边境的途中就可以见到成片成林的喜马拉雅红豆杉分布。

红豆杉在全世界共有11种，但是总的种群数量比较稀少。我国的红豆杉有4个种和1个变种，它们是中国红豆杉、东北红豆杉、西藏红豆杉、云南红豆杉和美丽红豆杉（为变种）。西藏红豆杉生长分布在海拔2500 ~ 3000米的地带。根据在螺髻山看到的红豆杉的基本特征，初步判断它应该属于或者接近于西藏红豆杉。

根据眼前观测到的地势地形和气候生态环境状况，我告诉日海补杰惹和其他考察队员：这里应该还有更多的红豆杉树分布。果然，抬头一望，斜上方的山坡上又有一株！刚刚转过一小段弯道，又见一株。不，不是一株，而是一片！再仔细地向谷地两面的山坡上望去，一株株、一丛丛的红豆杉树时隐时现。我下意识地大致数了数，就在方圆不足2平方千米的河岸边和山坡上最少也有100来株成年红豆杉树。

我把观测到的情况告诉了大家，日海补杰惹局长和李银才副局长都很兴奋。李银才说：“去年张老师就说我们螺髻山应该有红豆杉分布，可是一直没有发现它们的踪迹。看来皇天不负苦心人，只要认真考察一定就有新的收获。”日海补杰惹说，等考察回去后要及时联系林业部门，加强对螺髻山红豆杉群落的保护。

红豆杉树冠长年葱绿秀丽，形态漂亮，尤其那晶莹剔透的红豆种脐美丽可人，树干材质坚重，不仅具有较高的观赏性，而且作为高级建材也具有十分珍贵的实用性。更为重要的是，无论其根、叶、皮、心材等都可以提炼出一种可治疗乳腺癌和子宫癌的药物——紫杉醇。

因为季节未到，此时并未见到有红豆果实生长，有些队员还有些将信将疑，不过我相信在晚些时候的秋冬季节一定会观察到那些可人红豆果实的倩影的。就在当年11月下旬过彝族年的时候，我受邀再次奔赴螺髻山，在日海补杰惹等朋友的陪同下，专门来到摆摆顶村，步行到直落达沟口。虽然季节有些晚，可是我们仍然见到了不少已经成熟的红豆杉果实。它们在红豆杉叶的呵护下，在冬日阳光的照耀下，闪现着红宝石般的熠熠光泽。日海补杰惹，还有同行的方鑫、妞妞姑娘、小伙子克嘎都兴奋地对那一颗颗晶莹剔透的红豆果赞不绝口，纷纷背对着红豆杉树和树上的果实合影留念。日海补杰惹局长更是用微距变焦镜头从各个不同的角度对着那似乎比红宝石还要吸引人的红豆们照了又照，拍了又拍，久久不想离去。

俗话说好事成双。就在我们观察到成片红豆杉林不久，大约到达海拔2800米的一处之字形山路上时，我被一树洁白美艳的花朵所吸引。开始我还以为是珙桐，可是一看那树叶，却与号称“鸽子花”的珙桐不一样。

珙桐是一种中型落叶乔木，它的叶子表现出比较长宽的卵状形态，而且叶子的边沿呈锯齿状展开。珙桐早在千万年以前的第三纪就生长在地球上了，之后经过了距今300万年以来各次寒冷冰期的“摧残”，已经属于珍稀的“孑遗”植物种类。它们和红豆杉、三尖杉等一样，都属于植物界里的“活化石”。

那么，这是什么植物种类呢？木兰？康定木兰？还是西康木兰？肯定不是康定木兰，因为我刚刚结束海螺沟考察，那里的康定木兰正在层层绽放，由粉红到大红再到紫红，花开时节只见花不见叶。康定木兰总是先开花，待花凋谢后再长叶。那么这一定是西康木兰啦！可我毕竟不是专门从事植物研究的科学家，于是决定采下样品，回成都后请生物研究所的朋友帮忙鉴定一下。后来，该标本经专家鉴定的确是西康木兰。

考察队队员在观察红豆杉树。

可没有观察红豆杉那样幸运，当我试图再想看到更多的西康木兰时却十分失望：只此一株，别无同类！尽管我相信在同样的环境里绝对不止此一处才有，但是事实告诉我们，螺髻山的西康木兰的种群也不会多到哪里去，看来它们真的是难见一面的珍稀植物种类了。

西康木兰的花期一般都是每年的5 ~ 6月份。那雪白得一丝无染的花儿在山风的吹拂下好像打着白色发结的少女在大自然母亲的牵引下翩翩起舞，使人顿生无比的爱怜。

西康木兰

西康木兰又称西康玉兰，属于木兰科木兰属西康木兰种，学名为*Magnolia wilsonii*，为木兰属较原始种类，是一种被列入《中国植物红皮书——稀有濒危植物》中的二级保护渐危植物种类。西康木兰为中国特有植物，分布于中国大陆的四川、云南等地，生长于海拔1900~3300米的地区，多生长在山林间，最早发现于毗邻康定的四川宝兴县。由于受到青藏高原东缘高大山体的屏障呵护，同时又受到来自四川盆地以及中国东部湿润温暖气流的滋育，那里千万年来就是亚洲大陆许多动植物的最佳基因库。在宝兴的邛崃山中不仅有中国发现最早、种群最大的国宝大熊猫，还有羚牛、川金丝猴以及珙桐等许多珍稀动植物物种，珙桐也是最先在宝兴被发现和认定的。

西康木兰的树皮可以药用，尤其可以取代厚朴的药用功效，被称为“川姜朴”，因此人为砍伐十分严重；而且其天然繁殖能力很弱，所以对它们的保护和研究刻不容缓，已成当务之急。

洁白如玉的西康木兰。

生长在直落达沟的西康木兰。

要是哪一天重新回到这里，除了大片可人的红豆杉和同样结着小圆果实的三尖杉，还能够见到成片成林的西康木兰，甚至还有翻飞的鸽子花，那该是多么惬意、多么让人赏心悦目的事情啊！

珙桐，俗称“鸽子树”。

西康木兰目前在我国云南、四川和贵州的某些地方有分布，但是大片成林的西康木兰群落却是少有。在眼前的螺髻山北坡直落达沟所见到的西康木兰树便是孤零零的，好像有独木难支的慨叹，似乎在向我们人类诉说它们的艰难处境，呼唤人类应该立即加强对它们的科学保护。

根据多年的科学考察经验，除了红豆杉、三尖杉和西康木兰，我还隐隐约约感觉到螺髻山应该还存在银杉群落。

银杉（*Cathaya argyrophylla* Chun et Kuang）是一种松科银杉属大型乔本植物，目前主要分布在中国贵州道真县的大沙河林区、重庆的南川金佛山，还有广西花坪林区。我曾经和英国皇家植物园的皮特尔教授到重庆的金佛山和贵州的大沙河银杉自然保护区对那里的银杉原生林进行过线路考察。在大沙河考察时有道真县农业局高级工程师，也是大沙河银杉原生林主要发现者焦作林先生陪同，焦先生详细地向我介绍了银杉的基本特征和分布规律。

银杉也是国家一级保护孑遗珍稀植物群落，是中国特有的单一种属植物，有“植物熊猫”之称。银杉的成年植株可以高达30米以上，胸径最大者为80厘米以上。中国目前已知在广西、湖南、贵州、重庆和四川等地有银杉分布，总共仅有3000多株，其中在贵州的大沙河就发现有700多株银杉成片生长。目前成片成林的银杉植株分布最多的是位于越城岭南部的广西花坪林区，大小银杉苗木多达1100多株。

在贵州道真大沙河林区与银杉比邻的还有三尖杉和红豆杉等珍稀保护植物。大沙河源头最高峰飞沙岩海拔高度为1921米，金佛山最高峰风吹岭海拔高度为2251米，与螺髻山红豆杉和三尖杉分布的海拔高度相同。我愿意存疑于此，希望后来的研究者注意观察，但愿有一天也能够在我们的螺髻山发现银杉那高大挺拔而美丽的身影。

无论是银杉、珙桐、三尖杉、红豆杉、西康木兰还是螺髻山小鲵，都是经历过大寒冷期的所谓第四纪冰川考验的孑遗生物。关于“第四纪冰川孑遗生物”，在宣传上有不少的误区。在许多人看来，但凡属于第四纪冰川孑遗生物物种生长的区域，一定经历过第四纪冰川作用。此话值得商榷。

在第四纪冰川作用的地质历史时期，地球上不少区域的确都曾经被严寒的冰川积雪和冻土所覆盖，于是那些经不起风霜雨雪严寒摧残和考验的生物物种或者消失，或者发生变异，或者迁徙到远离冰川覆盖的地方去繁衍生息。这些生物物种就属于所谓第四纪冰川孑遗生物的一部分。

在第四纪冰川最发育的时期，在那些冰川、冰盖和积雪、冻土分布的地方，也有一些并未完全被冰川冻土覆盖的“窗口”，比如冰川的末端、山谷冰川的两侧和冰川的消融区，也有流水、湖泊和土壤。虽然那时候这些地理空间要比现在小得多，但是还是能够使一些动物和植物与冰川相伴，尤其是类似螺髻山这样的“第四纪海洋性冰川”，尽管当时不少生物，尤其是植物，因为生存的土地空间被大规模的冰川所占据，可是仍然有红豆杉、三尖杉、西康木兰、连香树，也可能还有银杉和螺髻山小鲵，得以在冰川的末端附近艰难地生存了下来。

总而言之，凡是经历过第四纪冰川影响的孑遗生物，在第四纪冰川最发育的时候，必须要有一定的非冰川覆盖的生存空间，哪怕是冰川的旁边，就像现在的海螺沟冰川和西藏东南部海洋性冰川区域一样。

银杉果枝。

四川的米仓山是台湾水青冈和杜仲等植物的主要原产地。最近有人宣称，这些植物群落都是所谓“第四纪冰川孑遗生物”，还说那时的米仓山一定也有冰川发育。这是一种未经思索的错误逻辑推理。其实正是由于当时的米仓山没有被冰川所覆盖，大片的水青冈和杜仲林才得以保留下来并且一直延续到了现在。

同理，如果按照有的人的说法，在第四纪冰川期的成都平原，甚至中国的广东、福建、广西等海拔极低的地方都有冰川发育的话，那么可以想象，此时整个北半球都是长年一片茫茫雪原，哪里还有大熊猫、川金丝猴、珙桐、老爷杉、柳杉、银杏这些珍稀动植物生物群落任何生存空间呢？就连那些所谓的小小生存“窗口”也没有啊！

这里也有红石滩

就在我发现大片成林红豆杉的直落达沟口的河滩中，也有大片的红石滩景观。

在我长期工作过的海螺沟现代冰川区的附近，就有成片成片的红石滩景观分布。应海螺沟管理局和中央电视台《走进科学》和《地理中国》栏目的邀请，我还在海螺沟景区做过三期有关红石滩的科学普及节目。

一些海螺沟当地人士一直以为，红石滩只是海螺沟及其附近地区的特有景观，我多次告诉他们，大凡我国季风海洋性冰川区都有这种“红石生态现象”，西藏东南部有，云南西北部有，四川也不是只有海螺沟才有，只不过由于近年来气候变化等因素的影响，海螺沟及其附近区域（如燕子沟等地）的红石景观格外凸显而已，并不值得大惊小怪。这不，即便是作为第四纪冰川遗迹地的螺髻山也有成片的红石景观展现在我们的面前。

直落达沟口的红石滩。

这种将大片古冰川砾石染成红色的是一种叫作橘色藻的低等植物。在一般状况下，这些橘色藻的颜色呈橘黄色，可是在一定的水热条件下，它们会沉淀大量的类胡萝卜素，于是便显现出一片一片大红的色彩来。对大都市的游客而言，这种靓丽的景色自然会抢人眼球养人眼帘，而且通过一定的科学普及介绍，还可以获得一定的原生态的生物学知识。

螺髻山的红石滩景观遍及山中的各条沟谷。和海螺沟一样，这种景观并非任何季节都能够一览无余地显现展示，比如冬秋季节，它们的绚丽颜色就会完全退去，即使在夏季，如果天旱少雨或者气温偏低，也不会有色彩缤纷的红石景观出现。

我的朋友，中国科学院青岛海洋研究所专门从事藻类研究的刘建国研究员对这种藻类很感兴趣。他告诉我说，在川西滇西北一带，除了橘色藻，还有一种和橘色藻类似的单细胞的红球藻。这种藻类在一定的水分和温度条件下，会产生大量叫作虾青素的物质，并且在虾青素的作用下，也会使自己变成艳丽的大红颜色。让人更加感兴趣的是，这种虾青素是一种十分珍贵的药物，它可以抗衰老，素有“长生不老药”的美誉。

通过考察，海螺沟的红石肯定是橘色藻所为，而与能够抗衰老的“长生不老药”——虾青素无缘了。那么，螺髻山的红石滩中的藻类是只供观赏的橘色藻还是可以生产“虾青素”的红球藻？留此存疑，但愿刘建国教授或者有关专家有机会来螺髻山进行考察，帮助螺髻山人确定一下这些藻类的真实身份。

发现“雏形土林”群落

在我为《大自然探索》杂志撰写的《风光别致的元谋土林》中，曾经对螺髻山西坡黄联关土林的形成机制进行过某些推测，那就是将它们与螺髻山的古冰川作用有机地联系在了一起。

“黄联关土林分布面积约为4平方千米，直接呈现土林地貌景观的区域仅仅0.53平方千米。黄联关土林土柱的表层母质可能来源于附近东北方向的螺髻山第四纪古冰川融退后的冰川沉积。有些发育完好的土柱土塔顶部覆盖着的石砾，可能就是当年的古冰碛漂砾……”

初始状态的土林。

在我们艰难攀爬的途中，我时时想到脚下的古冰川堆积和黄联关土林的某些联系。

当我们行进在海拔3000米左右的一处陡坡时（因为路太陡了，此时已经下马步行），前上方一个“蘑菇”形态的微地貌景观体引起了我的注意：大约高50厘米、直径为30厘米的土柱上方顶盖着一个厚30厘米、面积为40厘米×50厘米的冰碛漂砾。

螺髻山西北坡的土林雏形景观。

“雏形土林！”我条件反射似地脱口而出。

这里的古冰川堆积物来源于螺髻山主峰区，形成年代已经很古老了，因为“雏形”土柱的砂石风化程度相当高，砂石的风化程度越高，表示它们形成的年代越久。别看现在这里很陡，当年的地貌环境很可能是一个冰碛湖呢！后来冰退湖涸，加上可能发生的新构造运动，使得这里的地形变陡了。如果从冰碛土柱中采样分析的话，里面一定会有类似硅藻的古生物化石。“大鱼吃小鱼，小鱼吃虾，虾吃硅藻。”日海补杰惹局长说这是他上中学时地理老师常常讲的一句话，因为大凡是有水的环境中，就有硅藻一类的生物。

以前有学者将黄联关土林地层划归为“昔格达组”，应该说有一定的道理。“昔格达组”是最早在四川会理县昔格达村发现并且确定的一处形成于距今300万～200万年以前的湖海相沉积剖面。这个剖面的科学意义在于基本上可以认定地球第四纪的最早年代应该是距今300万年前左右。后来，随着螺髻山抬升隆起到冰冻圈，螺髻山的古冰川延伸到了“昔格达”组的湖相地层上面，为再后来的黄联关土林的发育奠定了充分的物质基础。

也许有人对于地球第四纪的概念不太清楚，我建议这么去理解吧：凡是地球上一切处于松散状态的堆积物以及这些堆积物形成所代表的地质时代就是“第四纪”。就拿螺髻山来说吧，-眼前的这个雏形土柱，今天在摆摆顶村看到的古冰川漂砾和冰水冲积扇，直落达沟里所有的砂土砾石，螺髻山中的所有冰碛湖、冰蚀湖，螺髻山镇以及流经螺髻山镇的则木河中的一切松散物质，都是第四纪的产物。如果说到整个地球，所有的沙漠、戈壁、海洋和湖泊（包括海水和海底的松散沉积以及沙滩），还有草原、森林、农田、湿地，以及它们赖以生存的土壤，当然还有冰川，包括南极和北极的冰盖……都是地球第四纪以来才形成的地层覆盖物。而第四纪最早形成和开始的年代一直就是有争论的问题，“昔格达组”剖面的发现和它所代表的年代至少从一个侧面给出了这一问题的答案。

在一个叫作烈日阿里的小平台上略事休息后，我们在继续上行的途中不仅发现了

螺髻山西北坡“昔格达组”地层剖面。

更多的“雏形土林”，而且也见到了间断分布的类似“昔格达组”剖面的地层堆积，这些堆积从海拔3000米一直上延到海拔3430米处一个叫作“阿支祖德”的山间倾斜盆地。彝语中“阿支”是一种叫柳叶菜的草本植物，也就是说这里是长柳叶菜的地方。

如果说螺髻山西北坡的“雏形土林”所处的地层也类似于“昔格达组”剖面的上部表层，或者甚至只属于该剖面所代表的较为新近的时间段，不仅证实了以前我对黄联关土林上部层母质来源的推断，而且也说明了螺髻山西坡古冰川最远已经延伸到了黄联关土林一带。

辽宁师范大学张樾教授和他的学生也在相应的地方采了用于分析年代的样品。为了保证他们的研究不受人为干扰，我未曾将我的想法告诉他们，等到他们的分析结论出来以后再说吧，但愿和我的推测不谋而合。

我们见到了“雏形石林”

爬过又一个陡坡之后，我们见到一处奇特的喀斯特“雏形石林”。单从外表看，说是“林”似乎有点言过其实，因为这里所表现出来的石灰岩喀斯特景观只是再小不过的微型或雏形石林。马行道从中间通过，左右或上下两边无不是玲珑剔透的具有“太湖石”特征或者“灵壁石”特征的石灰石正地形地貌。大多数凹凸秀美的“雏形”石林个体里几乎都填有黄色泥沙土，可是细细看去，那些单个的喀斯特石头仍然表现出变化万千的各种姿态：有的像笔架，有的像小山；有的像几尊连体观音，有的像站班不齐的三五个当值的差役。

这倒有些奇怪了，难道数以万年计的时间和多次冰川作用竟然没有将其磨光夷平？

伟大恢宏的冰川作用能将螺髻山东坡的火山岩和花岗岩磨成状如鲸鱼背的滑光面，

刻成古栈道般的巨型凹槽，何况区区“柔软”的石灰岩呢！同样当年的冰流从此经过时一定可以将这一片灰岩所有的“棱角”磨平！可是现在所看到的这些石灰岩喀斯特地貌形态又作何解释呢？

一定是冰川退缩之后的产物！也就是说，当这一带的冰流消退后，原来已经被冰川夷平磨光的石灰岩终于“重见天日”，在那之后的岁月中，这些石灰岩经过雨水的淋蚀、雪水的冲蚀，在合适的温度条件下，水体中的二氧化碳和水发生水化学反应而生成一些对碳酸钙（石灰岩）有腐蚀作用的碳酸，而碳酸正是形成喀斯特地貌的关键化学物质！如此一来天长日久，我们看到的这一片雏形石林就神奇地产生了。由于它们的形成时代不像山下西南面不远处的仙人洞那么久远，自然规模就小，仅仅成为眼前所看到的雏形石林景观。

眼前这一片石灰岩和仙人洞石灰岩一样都是形成于中生代早期的海洋沉积，它们和螺髻山一样隆起、沉降、再隆起，一直到300万年以前的第三纪晚期和第四纪早期才终于高悬于西昌盆地之上，成为第四纪冰川覆盖下的基岩谷床。

虽然说眼前这一片石灰岩微型地貌景观形成于螺髻山古冰川退缩之后，但是到底它们是何时退出冰冻圈，何时才开始受到水化学的“喀斯特”作用的？据末次冰期最后存在的最晚年代分析，它们最晚不会晚于距今12000年前。因为据研究确定，在距今13000

雏形石林。

螺髻山西北坡海拔3600米处古冰川退缩后形成的喀斯特地貌景观。

年前后，地球的温度在数百年内突然下降6℃，使气候回到冰期环境。此次强变冷事件以丹麦哥本哈根北部黏土层中发现的八瓣仙女木花粉命名，这就是科学圈内人们常说的“新仙女木事件”（Younger Dryas Events）。此后，整个地球又突然进入温暖期，这个温暖期的地球平均气温比现在要高出3 ~ 4℃。正是在这种突然降临的温暖气候影响下，包括螺髻山在内的冰川作用发生了大规模的退缩甚至消亡，我们的地球也进入了一个全新的历史时期，地史学称之为“全新世”。这是一个人类文明突飞猛进的伟大的地质历史时期。与此同时，螺髻山西北坡的一处高海拔石灰岩地层也开始发生了历史性的变革：以化学反应为主的岩溶喀斯特地貌过程——虽然是微型的。

天然高尔夫球场

我们在“阿支祖德”简单吃了些“路餐”食物后继续向上前行。此时地形变得平缓起来，大片的森林被斑状分布的高山栎树和连片的草坡所取代。我信马由缰地一边顺着长满高山草甸的牧羊小道缓缓骑行，一边欣赏着四周起伏延展的古冰川地貌地形。下午2点左右，我们到达了3600 ~ 3700米的海拔高度，这已经是螺髻山最大冰期时冰川积累区和消融区的过渡区域了。

当地彝族同胞说这地方叫木子喜德，翻译成汉语就是“老虎吃马的地方”。彝语中“木”就是马，“子”就是老虎，“喜”就是吃，“德”是地方的意思。曾几何时，螺髻山也有老虎，人类的记忆是大致错不了多少的。如果当年有虎，应该是从云南迁徙而来的印度虎吧？其实早在我国古代文献《山海经》等著述中就有四川境内生活过大象、犀牛和老虎的记载，看来彝族地名中对于老虎的记忆也是不无科学依据的。

可以想象，数十万年乃至上百万年以前的螺髻山上一片银装素裹的壮丽景象！那时长年雪花舞拂，厚厚的积雪积累在螺髻山广大的冰川积累区里，在地球的引力作用下，它们逐渐由密度只有0.1克/立方厘米的新雪变质成为密度为0.3克/立方厘米左右的粒雪，再由粒雪变质成为密度为0.5克/立方厘米左右的粒雪冰，经过运动最终由粒雪冰变质成为密度为0.9克/立方厘米左右的冰川冰。从螺髻山主峰地区漫延而下的冰流时而静如处子缓缓如平地，时而起伏跌宕好似万马奔腾，时而又以不可抗拒的气势超覆前方突出的山体，时而又一泻数百米形成伟岸屹立的冰川瀑布！

当年冰川瀑布流过的地方现在成了陡峭的山崖，那些当年冰流跌宕起伏最为剧烈的地段，也许正是冰川刻槽最发育、最典型的去处。而在曾经冰川流动缓缓如平地的地方，冰川退去后，就是眼前所见的这坡度不大、面积较宽、也有高低起伏的“天然高尔夫球场”般的高山草场了。

除了眼前这片一眼望不到边的“天然高尔夫球场”之外，日海补杰惹告诉我说，在螺髻山西坡的金厂坝一带也有类似的地貌地形。

目前，在我国利用高山古冰川地貌区建立高尔夫球场的还真有其事，那就是云南丽江玉龙雪山下的“玉龙高尔夫球场”。

玉龙雪山是我国现代冰川分布的最南界，主峰海拔高度为5596米，在第四纪冰川规模最盛时期，它的冰川末端下伸到达海拔2500米的丽江盆地。就在丽江盆地北面，玉龙雪山的东麓有一个叫作甘海子的地方，这里海拔高度为3100米，是典型的古冰川地貌区。所谓“甘海子”实际上就是古冰川退去之后留下的古冰川侵蚀洼地。这里地势西高东低，起伏绵延，虽然海拔较高，但是气候长年无冬亦无夏；由于地面基底乃是古冰碛堆积，透水性能非常好，这座球道长达8548码（7816.3米）的玉龙高尔夫球场自新世纪之初建好后，吸引了大批中外游客和高尔夫运动的爱好者。

我曾经几十次到过西藏、新疆和四川等古冰川区，发现那里有不少地形地貌区都可以建立类似云南丽江玉龙雪山一样的高尔夫球场。其中对我印象最深的地方就是在从西藏吉隆县吉隆镇到中尼边境热索口岸途中的一处古冰碛地貌区。那里地势开阔、地形婉转、起伏有序，气候温暖湿润，植被茂密，海拔也才2500米左右，而且距离南亚尼泊尔和印度近在咫尺。随着西藏吉隆口岸的开放建设，未来还

古冰川积累区冰斗地貌。

可能将青藏铁路延伸到吉隆县，甚至可以一直修到尼泊尔一边。如果在那里建立一座现代化的高尔夫球场，那定将是极具特色的亚洲一流高尔夫球场。

螺髻山西北坡这些古冰川地貌区除了是天然高尔夫球场外，还应该是高山滑雪的优选场地。

就这里的草场和森林发育状况而言，此地的年降水量不少于800毫米；西昌一带海拔较低的地方，一年主要分为旱季和雨季，而雨季主要集中在秋冬，如果螺髻山西北坡中高山的降水季节分配也与西昌盆地大致同时的话，那么这里冬季的降雪量足可以维系高山滑雪场的雪量需求和时间延续。不过关于类似的建言，总是见仁见智，如果真的要实施的话，还要做大量的科学研究和评估工作，因为在螺髻山这样的旅游景区进行开发建设是一个慎之又慎的大事情。

在这座“天然高尔夫球场”的上限绝顶处，却是一湾直落千米的漏斗型陡壁围谷。站在陡壁边缘，从围谷底部旋起的气流带着片片云彩直向我们脚底身上扑来，要是没有

螺髻山西北坡海拔3300米左右古冰川迹地如同“天然的高尔夫球场”。

十里U谷。

恐高症的话，活脱脱有一种飘飘欲仙的感觉。

在渊幽壁陡的沟谷中长满了原始森林，偏偏那些杜鹃却大多委身于耸峙的峭壁之上，爆开的花序如锦似帛，成团成簇。在上旋风的吹拂下，莽莽丛林如暗潮一般波伏浪涌，几只苍鹰在我们的脚下随风盘旋飞舞，这真是一种天上人间的感觉啊！

这时，日海补杰惹局长回头一望，像发现了新大陆似的："快看啊，U型谷！"

果然，就在大家所站立的一块突兀的基岩石嘴的下方，一溜朝北有一条近10千米长的宽浅谷地，这正是前面曾提到过的直落达沟。沟谷两岸都长满了原始森林，一条看似细细的河流从谷底蜿蜒而下，在太阳的辉映下闪现着水银般的光泽。不过至少1万多年前或者几万年前，这沟这谷却是冰流漫漫，在冰川的下游末端倒也树木葱茏。经历过几次冰期严寒的考验，那些红豆杉、三尖杉、西康木兰等植物群落在冰雪水的浇灌下，仍然生机勃勃，展示着螺髻山古冰川那强健的季风海洋性特征。

在螺髻山周围，这种古冰川U型谷地还有许多条，直落达沟只是其中的典型代表罢了。

环境好坏看松萝

越过“天然高尔夫球场”后，大家继续向前向上行进。随着地形的变陡，草地少了，灌丛多了，甚至有峨眉冷杉一类的高大乔木的原始森林也突然横亘在我们前进的道路上。

地球上的生态系统就是这么奇怪。有时候好好的一片平缓地，只长草不长树，当地势地形陡得如悬崖峭壁时，却突然像变魔术似地长出许多枝虬干粗的大树来。庐山的五老松，黄山的迎客松，还有此刻出现在我们面前的峨眉冷杉树林莫不如此！

在中国西部几乎所有的原始森林区，都是生态环境质量尤其是空气环境质量最好的地方。气新景明的螺髻山更是如此。现在大凡生活在大城市的人们，总是有一种被压抑的感觉，除了快节奏的工作压力之外，那就是生活环境的压抑。到处都是人，到处都是车，到处都是钢筋水泥建立起来的高楼大厦。即便是号称“世界田园城市”的成都市也只见高楼不见“田园”！

西北坡的峨眉冷杉。

西北坡峨眉冷杉球状根系。

可是当你来到渊深峰高的螺髻山，尤其来到螺髻山的森林里，听到的是潺潺的流水和啁啾的鸟鸣，还有那阵阵林涛；看到的是葱翠的绿树、烂漫的山花以及和我们人类介入者即远即近的血雉鸡、山鹿，还有湖中的小鲵。如果你再仔细一点，或许你只是随意向两旁的树林中望去，就会发现在那些树干上、树枝上，甚至树叶上挂满了许许多多像翡翠丝线一样的东西。这就是“松萝”，也有人称之为“树挂”“山挂面”，是一种附生生物。

一位生物学家朋友告诉我，松萝是环境质量好坏的“指示剂”。

松萝是一种叫作“枝状地衣”的真菌，它们的存在表明了当地的环境质量达到了十分优良的自然状态。螺髻山无论东南西北坡的原始森林里都生长着许许多多这种优良的环境“指示剂”，这直接地说明了螺髻山的自然环境质量是一流的。

挂满松萝的峨眉冷杉。

不过，虽然可爱的松萝们无时无刻不在告诉我们，这里的环境质量是一流的，这里的“负氧离子”比别的地方多，可是“物极必反”，殊不知这些松萝长得太多太快之后，就会“喧宾夺主”，就会使曾经供给它们营养的“寄主”们自己的身体受到严重的影响。这是因为越来越多的松萝同样需要越来越多地从它们的“寄主”，也就是那些各种各样的树木身上获取营养，而过多的营养付出最终可能导致“寄主”自身的营养不足甚至过早枯萎死亡。

长满松萝的西北坡箭竹林。

也许高大粗壮的峨眉冷杉、铁杉、云杉在短时间之内还不会受到松萝的致命伤害，可是前方不远处的高山箭竹就没有那么幸运了。

相比之下，螺髻山东坡的高山箭竹的长势要好得多，这可能是因为东坡的降水量要比西坡和北坡大的缘故吧。

我们刚刚穿过那几棵高大挺拔的峨眉冷杉，就又进入到一小片灌木林中，只见一片又低又矮的高山箭竹垂着头、塌着肩，只见细细的竹竿，少见翠绿的竹枝和竹叶。再一细看，却见几乎每株箭竹的身上竟然都无一例外地长满了松萝，地衣和苔藓。地衣和苔藓争先恐后地吞噬着高山箭竹身体中的营养，而高山箭竹自己却因营养严重不足处于濒死的边缘。难怪螺髻山没有发现以箭竹为生的大熊猫出没呢，或许都怪这些松萝太“张扬”、太“肆无忌惮”了吧。

在环境特别优良的地区也有不适合或者不适宜生长的生物种类，这就和经济特别发达的地方也无法叫穷人立足一样。当然，这并不代表优良生态的大趋势，这只是大自然给我们的又一个启示罢了。

由于松萝是一些山地动物，如猕猴、羚牛、鹿、麂等的优质食物之一，所以一般情况下，没有必要担心这些像草不是草、像藻不是藻的枝状地衣会成为山林的克星。自然界自然有自然界的演替规律和平衡法则，松萝也只是当地生物链中的一个环节而已。不过，如果真的哪个环节出了问题，那就应当引起有关部门的注意，进行必要和有效的人为干预。自然这些人为干预又必须以科学考察研究为前提，千万不能差之毫厘、失之千里，那就有可能会酿成破坏生态环境的不可弥补的损失了。

天街夜景西昌城

越过一道蜿蜒陡峭的小路，又跨过两段起伏不大的山岗，山岗的北边是一泻千米的深谷，南边是先缓后急的山岩，上百头牦牛在山岗上啃食着丰美的牧草和细嫩的树叶，牦牛的膘很肥。现在还不是挤奶的季节，只有一个家住在摆摆顶村的彝族老乡早晚吆喝一下牛群，按时给每头牦牛喂点动物食盐。我们当天晚上就宿营在每天为牦牛喂盐的一个古冰碛倾斜平台上。

牧牛的彝族老乡告诉我们说这个地方叫“打打”。我问他“打打”是什么意思，牧人说他也不知道，只说这是当年藏族老乡在这里放牦牛时候的称呼。我在西藏工作过许多年，懂一些藏语，知道“打”在藏语中就是马的意思。“打打”应该就是藏族老乡放马的地方了，不妨就叫作马场吧。

日海补杰惹局长几次对我说到，放牧这些食量很大的牦牛群对于螺髻山核心景区的生态环境的保护和建设有些得不偿失。因为除了食量大以外，牦牛对于高山草场的破坏力是相当惊人的。一块草皮要生长多年，可是被碗口大的牦牛蹄子一踩，砂碛毕露。本来，螺髻山自第四纪古冰川退出后形成的冰川迹地上的土壤化程度就不高，薄薄的土壤下面就是三棱七角的冰碛石，好不容易形成了一层薄薄的土壤，几头牦牛跑过便草毁砂现。对于以生态旅游开发建设为主旨的螺髻山而言，孰重孰轻，是不言而喻的事情。

我曾经在贡嘎山海螺沟地区主持过“贡嘎山地区冰川退缩迹地植物群落演替与环境关系研究”的国家自然科学基金研究项目和“贡嘎山冰冻圈动态变化监测”的研究课题。上述研究发现，海螺沟冰川后退时形成的冰川迹地上，至少要经过100年时间的土壤演替、营养富集，才能够在这些迹地上面形成一些类似杨、柳、桦、沙棘以及当地同海拔的顶级群落——冷杉、云杉和铁杉组成的暗针叶林。

“打打”这个地方的牧场是原来集体所有制下的产物，而且当时负责放牧的藏族老乡都已经回到了自己的故乡，这些剩下的牛群就让它们自生自灭，让螺髻山的自然生态环境还是尽快地回归自然吧。

后山的石海，宿营地附近的漂砾，那来路时经过的一处已然风化的古冰川鲸背岩，还有宿营地下方直通直落达沟U型谷的又一处一泻千米的漏斗形陡岩，丰富的古冰川遗迹让人目不暇接。

从直落达沟U型谷吹上来的山谷风将我们的帐篷和帐篷四周的杜鹃花鼓动摇曳得呼呼作响。李银才说，看来明天可能又要变天了。去年考察螺髻山主峰露营行军遭瓢泼大雨的经历让人对于螺髻山的天气变化太敏感了。

有了人的气味，或者说有了这一大群人的气味，牦牛们就像久违的亲戚一样从山坡的不同地方向我们的营地聚拢过来。

“打打”高山牧场上的牦牛群以及古冰川漂砾。

人类也真是厉害，在成千上万年的生产生活实践中，驯化了很多家畜，甚至驯化了马、牛、大象和骆驼等大型野生动物。

不知道我们的先人们是否还驯化过狮子、老虎。不过据有关史籍的记载，人类的祖先的确驯化过犀牛，而且还有用来攻击敌人的“犀牛阵”。《山海经》记载说中国古代长江流域就有犀牛分布，犀牛不仅可以在打仗时冲锋陷阵，而且犀牛皮还可以用来制作铠甲。

牦牛们如约而至，左右不离牛身的小咬等蚊蝇昆虫也就齐齐地聚拢过来。于是牧牛彝胞一阵呼啸，舞动手中的鞭绳将牦牛赶开。牦牛们悻悻地离去，那模样是极不情愿的。

这是一片被杜鹃花围绕的古冰斗，身后南面山岩就是海拔4182米的摆摆顶山主峰，主峰的冰蚀角峰形态和两侧弧形展布的刃脊经过冰后期寒冻风化作用，仍然可以明显地感受到当年冰川作用的强烈和坚韧。角峰和刃脊半圆合围的圈椅状古冰斗地貌起伏倾斜着向北呈阶梯状降低，到了我们的营地附近，越过一片杜鹃林后便急速陡跌，那里当年一定是一座恢宏无比的大冰川瀑布。

在螺髻山中，这类古冰川大瀑布不仅打打这地方才有。从东坡的月亮门山到清水沟，只要是有冰川湖泊的地方，湖泊和湖泊之间的陡岩处当年就一定是古冰川瀑布，比如黑龙潭和仙草湖之间的基岩陡坎跌水便是一座古冰川瀑布的所在。

辽宁师范大学的师生们忙着采样，李峰等年轻人忙着支帐篷。我还是老习惯，忙着

考察队的宿营地。

记录一路考察的心得和发现。

高山彩色尼龙帐篷在山谷风的吹拂下就像从天上飘落到螺髻山中的几抹云霞。夜幕降临，彩色帐篷里陆续点亮了手电，加上那一堆熊熊燃烧的篝火，我们的营地霎时变成了一条小小的灯火游弋的天街。

考察队点燃篝火宿营。

为了庆祝胜利到达今天的目的地，还有一路的科学考察的收获，大家在一条冰雪融水的溪水旁边架起了篝火。晚饭后，考察队员、彝族民工们，自然少不了辽宁师大的张老师和他的四个学生，大家围着熊熊燃烧的篝火，开始了我们螺髻山天街上的“夜生活”。

彝族小伙子克嘎率先分别用汉语和彝语唱起了祝酒歌，那声音、动作和表情不亚于任何专业演员，如果上“星光大道”准保过五关斩六将！辽宁师大的小李赶忙送上了一大碗地道的北京牛栏山二锅头。随后无论老少都要来一个节目。李媛媛和刘蓓蓓是女生，虽然有些羞羞答答，但是也出了节目，而且李媛媛的歌儿唱得还不错，只不过和少数民族比起来，我们汉族“老大哥”们在载歌载舞方面的确有些上不了台面。有人说这是几千年来孔夫子儒家学说“禁锢”的后果，可是包括彝家兄弟在内的许多少数民族，比如藏族，他们可是从奴隶社会直接进入社会主义社会的奴隶“娃子”们的后代啊！

我也是上不了台面的一位，当然主要是年龄大了，再说我还代替李银才主持了半天的篝火晚会呢。

日海补杰惹的歌喉很不错，无论汉族歌曲还是彝族歌曲，唱起来有章有法，声情并茂。李银才是当兵出身的，他自告奋勇唱了一曲《打靶归来》。

几位协助我们考察的彝族民工也忘情地唱起了当地的山歌和民歌。

在彝族兄弟们的感染和有形无形的鼓励下，辽宁师大的学生小于经不住诱惑，在李媛媛的伴唱下，跳起了时尚的街舞。大家被这位在读研究生的舞步舞姿吸引了，要不是一风吹过来的烟雾呛了他们，那行云流水般的舞蹈和李媛媛的低吟浅唱一定让我们忘记了这是在海拔近4000米的螺髻山“天街”上呢。

小于最后一个动作是向后空翻360°。虽然他被身后的一丛杜鹃花绊了一跤，差点摔倒在地，仍然赢得了大家的热烈掌声。在海拔4000米左右的古冰川迹地上跳街舞，这也算是一项世界吉尼斯纪录了吧？

大家仍在无尽的欢乐与兴奋中，一首歌又一首歌，一碗酒又一碗酒，反正倒伏的朽木枯树有的是，歌儿有多少，烧篝火的柴禾就有多少！

我和大家告了别，毕竟年纪大了，该早点儿休息。

抬头看天，月亮早就落到西边的山下去了，几颗星星懒懒地闪着微细微细的光。风大了，离开了篝火，身上多了几丝凉意。可是，当我回首鸟瞰时，眼前的景色却让我惊骇不已：透过发出婆娑声响的杜鹃林，大约20千米以外的地方一片霓虹一片辉煌。辉煌的夜景倒映在一片同样辉煌的湖水之中，闪闪烁烁，光怪陆离，真分不清楚是霓虹在摇曳。还是波光在摇曳。

常识告诉我，那就是西昌城，还有和西昌城相得益彰的邛海。

不知道在螺髻山上还有哪里可以这么直观地看到西昌和邛海的夜景。

不一会儿，日海补杰惹也回到和我比邻的帐篷中，他也被这一幕美丽的夜色迷住了。虽然我们没有彼此交换当时的心得，但是那感觉一定是相同的。

风大了，果然下雨了。篝火旁的人们陆陆续续都回到自己的帐篷里，可是我却再也睡不着了。听隔壁的日海补杰惹，似乎他也没有睡着。我们太兴奋了。

考察队员围着篝火起舞。

也就是1万多年前，打打这块台地和螺髻山其他山地一样，都是冰天雪地，摆摆顶山更是长年雪花飘扬。西昌人的先祖一定是以西昌坝子为活动中心，从事着他们的捕鱼狩猎营生，也许还有一些原始的农

业牧业活动吧。不过螺髻山四周的森林在螺髻山冰雪水浇灌滋育下，野果压枝，动物成群，这一切同样吸引着只会使用石器和一些简单劳动工具的古西昌人。他们中间勇敢的年轻人，常常翻过大箐梁子，深入到螺髻山冰川末端附近的原始森林中，用他们自制的弓箭和林中的葛藤捕猎自己喜欢的猎物。回归时，除了野物之外，一定还采摘了不少野果，他们要带回去，献给自己母亲或者妻子——那是一个仍然处于母系氏族统治下的原始社会啊。

考察队员合影。

处于“小儿时节”的原始石器时代的人们身披树皮兽皮，虽然已经学会了使用火，但到底还是茹毛饮血，最多也只是结绳记事吧！可就是仅仅经历了这短短的1万多年，人类社会发生了天翻地覆的伟大变革：先是旧石器时代，然后是新石器时代，会用火了，会烧陶器了，会用文字了，会冶铜了，会炼铁了，会烧制瓷器了，会制造火药了……最近几百年，人类文明更是突飞猛进，随着蒸汽机的发明和电力的使用，我们人类文明简直就像添加了一双翅膀，想怎么飞翔就怎么飞翔。

可是高科技带来高风险，问题也就如影随形地困扰和影响着人类：生态不平衡问题，环境污染问题，人口过多出现的地球承载危机问题，化石燃料过多消耗引发的能源问题，二氧化碳过度排放可能诱发的地球温室效应问题，太空垃圾问题，核泄漏和核辐射问题，等等。面临这么多的繁琐而复杂的问题，一些科学家似乎束手无策，一些政治家似乎忙乱无章，一些唯心论者甚至危言耸听预言世界已然走到了尽头，他们总是蛊惑说，人类应该做好地球被毁灭的准备。

中国人很聪明，中国人的语言文字更是充满了智慧与平和：杞人忧天！世人都知道天是掉不下来的，日月星辰更不会砸到人类的头顶上来，只有那几个杞国人仍然忧心忡忡，浑身不得安宁！

这自然是一个笑话，而且是一个上古人意欲探索宇宙并且极富科学哲理的笑话。

在高高的摆摆顶山上遥观不夜的西昌城自然是未来螺髻山旅游开发的一处景观点。不过在人类历史的沧桑变革之中，是选择蛮荒还是选择现代化，是推崇茹毛饮血还是高科技的不夜城？如果让全人类每个人都投票的话，我相信绝大部分人都会选择后者。

事物总是如此的矛盾：越要现代化，越是需要高科技，越是需要消耗大量的能源，越是需要作物的高产量杂交品种，越是需要占用大量的土地，越是需要截断许多的大江大河。钢筋水泥的建筑四处林立，火车飞机满世界奔驰飞翔，开着空调、放着尾气的汽车比水里的鱼虾还要多。于是地下的石油、天然气、煤炭被争先恐后地大量开采，地上的森林大片大片地被毁坏，二氧化碳、二氧化硫的排放量无以复加。有科学家甚至认为正是这些温室气体的过度排放引起了地球的“温室效应”和地球的持续增温变暖。

虽然你可能不知道这个“温室气体”圈层是否存在，它是否真的可以将进入地球的太阳光所产生的热能万无疏漏地全部截留下来，然而自从300年前英国工业革命以来，

夕阳映照螺髻山。

螺髻山云海。

由于人类的现代化进程越来越快，温室气体的超量排放已是不争的事实，而且造成的负面影响更是历历在目。

2011年“3·11”日本9.0级大地震、大海啸不仅震撼了日本，也震撼了世界各国，尤其是世界各大工业国家，因为在超强地质灾害和气象灾害的影响下，日益兴起的核电站面临着十分严峻的考验：核泄漏！这个潘多拉魔盒一旦被打开，那灾害对于人类的祸害程度，无论在时间上和地理空间上都可能超过任何地质灾害和气象灾害本身。

可是人类的发展和未来，绝对不会回归到茹毛饮血的石器时代，甚至也不可能回归到工业化以前的时代，那么包括核能在内的所有能源资源，还有其他各种资源，比如土地、森林、草地、矿产、淡水资源等，都还必须要为人类的未来和发展所利用。也就是说，西昌还不仅是月亮城和日光城，还必须是灯火通明的不夜城。

岂止西昌，世界上任何有人类居住和生活的地方都是如此，尤其是大城市。尽管在有识之士尤其是绿色环保人士的呼吁影响下，可以号召启动“无灯日”，不过那也仅仅是一种象征性的举动而已，也只能是在那一天的晚上关灯一个小时而已！也许就在限电关灯的那一个小时之内，某位坚决反对在山区修水电站的环保人士会打电话质问电力公司："怎么又停电了，天气太热了，不能开空调，我的环保文章都没法写下去了。"

在这里，我丝毫没有亵渎那些真正有责任心的有识环保之士，因为我本人就是一个多年特别注重环保的人，虽然我站得不如有的人那般高，口号叫得没有那般响，可是我从很小的时候起就知道不能浪费任何东西，那是因为穷才养成的一种习惯而已：洗了衣服的水可以用来冲厕所，洗了菜的水可以用来浇花，晚上无人的房间不能开电灯。夏天写作的时候我尽量不开空调，实在热得不行，也只调到28℃左右。冬天则多穿点衣服了事，实在冷得不行，就站起来走动走动，既御寒又可以达到锻炼身体的目的。

那么资源和发展、环保和能源消耗之间的矛盾又如何解决呢？我以为，除了每个人都应该"洁身自好"，环保人士继续呼吁环保，政府应该加强对环保工作的监管和引导之外，还得发展高科技。我相信，总有一天人类会找到许多一劳永逸的好办法，来解决人类在不断发展的过程中遇到的麻烦事。

西昌很美丽，尤其是在螺髻山上的"天街"上观看西昌的夜色更加美丽。我相信西昌还会越来越美，包括她美轮美奂的"不夜城"的夜色！

螺髻山的灵魂

山都是有灵性的，尤其是中国的山，哪座山没有一个甚至几个故事？这些故事或者源远流长，或者引人入胜，或者撩人心弦，或者惊心动魄，或者起伏跌宕，但它们都无不美丽动人！

所谓"人与人之间，距离产生美"，似乎尽人皆知；而"地貌景观与地貌景观之间，则是高度产生美"，这就是作者多年野外实践的经验体会了。但凡是山都具有一定的海拔高度和高度差，山越大越高，高差越大，景观也就越丰富。而每一座山，尽管它们都有许多因为高度差所产生的这样那样的景观、景色和景点，但是只要你细细地观察和归纳，都可以找到它们最核心、最具灵性的景观体或者景观体系。

就四川而言，九寨沟看山看湖也看水，但是对于它的定位却是"人间仙境"或者"童话世界"；黄龙同样看山看湖也看水，人们对它的定位却是"人间的瑶池"；而峨眉山则因为有著名的报国寺、万年寺、金顶以及金顶佛光等历史悠久的佛教建筑和佛学文化渊源而被称为中国四大佛教名山之一，并且由于山势修灵，景色可餐，又有"峨眉天下秀"的美誉；青城山更是常年雨幕雾岚，树木森森，入得山来遮天蔽日，幽静得仿佛只可听见自己的心跳。青城山还是中国道家的发祥地之一，有道家“天师”尊称的张道陵创立的“正一”派即发端于此。在高大茂密的各种名贵林木的掩映下，青龙殿、白虎殿、黄帝祠、三清殿、天师洞等道教建筑依山凌空，鳞次栉比，所以除了“青城天下幽”的盛名，青城山也是中国著名的道教名山。

螺髻山有莽莽林原，有杜鹃花海，有深涧激流，有云瀑水瀑，有许多珍稀的动物植物，当然也有汉传佛教的文化遗存，相传它与峨眉山分别代表观音菩萨美丽的发髻和睫眉，但是它更是承载了当地彝族同胞许多善良而美好的精神寄托和希望。

然而，从科学发展的现代意义上说，螺髻山的景观灵魂是湖泊，是古冰川湖泊，是完完全全由万年、十万年甚至上百万年计古冰川作用形成的一系列冰川湖泊。

古冰川湖泊就是螺髻山风景名胜区的灵与魂！

如果说螺髻山是一座观音菩萨美丽发髻形态的宝塔的话，那么那些古冰川湖泊就是镶嵌在这座宝塔身上的璀璨的蓝宝石和祖母绿。

笔峰墨池。

多次科学探险考察得知，华贵若蓝宝石般的古冰川湖泊，或者古冰川湖泊的湖盆地形在螺髻山东南西北坡都有广泛的分布，特别是螺髻山中每一条山间河流的中上游几乎都有一个、几个甚至几十个古冰川湖泊（包括已经干涸的古冰川湖泊地貌）散落其间。东坡和东南坡的清水沟和大漕河流域的黑龙潭、仙草湖、牵手湖、姊妹湖自然满湖都是美，湖里湖外都是美。整个螺髻山中的古冰川湖泊不仅个个都美，而且是成串成串地美，成群成群地美，也就是集群的美或者群体的美！有冰川湖泊凸显明白的现代美，也有隐隐约约被地质历史淹没的过往历史的美。就连这摆摆顶山和山下的直落达沟古冰川U型谷上游，还有我们此行一路考察过的“烈日哈里”小台地（海拔3130米，就是有微型土林分布区域的附近）、“阿支祖德”（海拔3430米，就是生长阿支草，也就是生长柳叶菜的地方），还有那所谓“老虎吃马”也就是彝族同胞称之为“木子喜德”的天然高尔夫球场（海拔3600米左右）一带，虽然现在湖水已然干涸，可是凭着那些微微凹陷的地形，还是可以隐约勾勒出当年古冰川湖泊那波光粼粼的幽幽倩影。因为气候变暖变干，补充湖泊的水源日渐减少，加上这类古冰川湖泊的个体本来就很小，尤其是因为周围和上游的泥沙杂物的充填淤积，在时间老人安排的漫长岁月中，这些湖泊终于“捉襟见肘”，变成了干涸的草地或长满了森林灌丛。可是仍然有不少的古冰川湖泊经受住了沧海桑田的历史考验，尽管它们的规模也有些变小，但是依然恬美地依偎在一片片杜鹃花环绕的山间谷盆之中。

如果朋友们有机会翻过打打营地左侧的一座长满杜鹃花等灌丛林地的山脊后不久，

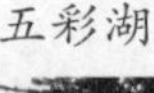
五彩湖

空鼓湖。

姊妹湖。

黄龙潭。

一路缓缓下行就能够看到螺髻山西北坡和西坡又一处处的古冰川湖泊群景观！那就是被称为“金厂坝”（有人称其为“吉巧坝”，这是又一处天然高尔夫球场所在地）附近的五彩湖、龟湖古冰川湖泊群，金海子、黄水滩古冰川湖泊群，三吉海古冰川湖泊群，黑龙潭（西坡）、黄龙潭、鸳鸯湖古冰川湖泊群，以及干海子（或称甘海子）古冰川湖泊。

金厂坝，顾名思义，应该是一个曾经生产过黄金的去处，至少也是有黄金矿苗出露的地方吧？这倒不奇怪，因为螺髻山经历过几起几落的大地构造，尤其是有过强烈的岩熔火山活动，也就是所谓的“热液地质”活动，这种经过地球内部“热液”岩浆涌出地面或者喷发到地面形成的岩石里面就会富含包括金元素在内的许多原生金属矿物。黄金矿的最初形成都是与地球内部岩熔或者火山活动密切相关的。而砂金矿则是经过金矿岩脉（尤其是石英岩）后期风化，再经过流水、风力或者冰川运动等地球外营力搬运后沉积下来的矿床。金厂坝如果真有金矿的话，应该属于后者——砂金矿。

五彩湖和甘海子真是两个美轮美奂的古冰川湖泊。

五彩湖位于一处海拔4000米的古冰斗之内，后壁山峰海拔达4157米，在距五彩湖以西不远的地方还有一个面积只有五彩湖一半大小的龟湖，这也是一个古冰斗湖泊，它们都是第四纪古冰川在向下流动的过程中形成的侵蚀洼陷地形，古冰川消失后储水为湖。

五彩湖是一个以杜鹃花为主要植被群落，有云杉、冷杉等针叶林围绕的椭圆形湖泊。它之所以得以冠名曰“五彩”，首先是因为构成湖泊地貌的岩石中含有大量的泥质和石灰岩成分。石灰岩中的碳酸钙在一定的温度条件下可以和水体发生化学反应，在一些冰碛石上形成一层钙化膜，也就是石钟乳一类的喀斯特微型地貌景观。这些水下喀斯特微地貌起伏参差，在阳光的照射下，易于产生折射分光现象，于是就会产生色彩斑斓的视觉效果。如果恰逢杜鹃花开放时节，天上的云霞和绽放的杜鹃花同时倒映在湖中，你一定会觉得不仅这湖泊是五彩的湖泊，而且整个螺髻山都是五彩的山，整个世界都是五彩的世界！

甘海子是位于金厂坝和五彩湖之间的一个古冰川湖泊，海拔比五彩湖要低一些，大约只有3850米，这也是一个被原始森林以及花团锦簇的杜鹃花林包围的高山湖泊。

和螺髻山其他所有的古冰川湖泊一样，甘海子原来的水域面积比现在要大得多，而且也许由于某种原因，甘海子的湖水有过宣泄一空的记录，于是又有了“干海子”这个似乎“名不副实”的称谓。

中国人的语言文字十分富有想象的空间。干海子又可以叫作“甘海子”，干、甘二字音同而意不同。湖泊的水少了或者干涸了，是为“干海子”，水域恢复了，于是“干海子”变成了“甘海子”。一个干字，说明其水少或者无水的状态；一个“甘”字，不仅表明湖水变多了，而且还形容其水质清冽甘甜如饴。

无论是五彩湖还是甘海子，湖的面积和湖的深度都比较小、比较浅。螺髻山中所有现存的古冰川湖泊都面临着水域面积不断变小，湖水不断变浅的“尴尬”趋势。当然这有全球气候变暖的影响。不过根据我在西藏多年的科学考察经验和观测资料，在目前的气候环境下，青藏高原的许多湖泊的水位是上升的！我在藏北申扎县和阿里措勤县考察时就发现，那里的许多湖泊的水位已经将半个世纪以前修建的湖滨简易公路和一些湖滨牧人小屋淹入水中。

甘海子。

仙鸭湖。

因此我以为，类似螺髻山这样的古冰川湖泊变小变浅甚至干涸的现象似乎和气候变暖关系不大，倒和冲淤填埋的地貌自然演替过程密切相关。

玉簪湖。

最少1万年以前，当螺髻山完全从冰冻圈退出之后，那时的森林和草地面积没有现在的广阔，可是冰川退出后的所有冰川侵蚀洼地都注满了冰雪融水，当时螺髻山的冰川湖泊岂止目前卫星照片上所能够识别到的33个！当时的所有螺髻山古冰川湖泊都比现在深得多、大得多。像黑龙潭、仙草湖、姊妹湖、五彩湖和干海子，它们当年的深度至少比现在要多出好几倍。后来随着气候的逐渐变暖，原来的降雪大多数变成了降雨，于是螺髻山冰川退出的迹地上渐渐地长出了植物，起初是一些诸如藻类、苔藓、地衣之类的低等植物以及低矮的草本植物，后来渐渐长出了灌丛，再后来演替成为了茂密的原始森林。

应该说，在螺髻山刚刚退出冰冻圈的时候，总体的山体高度可能比现在要高，包括目前海拔4359米的螺髻山主峰。我根据2010年对主峰山体周围的风化岩石碎屑物质体积的估算考察推断，1万年以前的主峰海拔至少比现在要高出100米。

这些风化物质在地球的引力作用下，或者在地震、流水、风力等内外营力的影响下，不断地从高处向低处运动。随着山中植物群落繁衍速度的加强和扩大，山体岩石的风化除了寒冻风化，又增加了生物风化，还有一些化学风化（比如喀斯特岩溶作用等）等诸多因素的加入，如果不考虑山体的可能隆升，那么螺髻山在彻底退出冰冻圈之后的1万多年的地质历史时期中总的高度在下降。这些下降所产生的风化物质，当然还包括植物群落生生死死形成的有机物质，有很大一部分被冲带到古冰川湖泊中，于是大部分湖泊消失了，一些湖泊变浅了，面积变小了，而且随着时间的迁移延伸，还有一些湖泊也会面临着最后消失的危险。

从某种意义上讲，“人定胜天”自然已经成为历史的记忆了，可是既然我们这个星球给了我们人类如此的高智商，难道我们不应该利用这些只有人类才具有的优势为地球做些优化环境的事情吗？或者说，利用我们人类所掌握的科学技术手段对某些在自然演替过程中受到“摧残”和“恶化”的景观环境进行必要的修复和回归。

现在有一些“天生的环保主义者”总是以“自然主义者”自居，作者实在不敢苟同。

因为纯粹的自然过程不一定都有利于环境的优化和进化。而且要说所谓“自然”，或者说“自然过程”，那么我们人类作为宇宙空间最奇特的生物群落，本身就是这种“自然”或者“自然过程”最成功的产物！任何人都不应该无故地去猎杀、毁坏受到保护的珍稀动植物以及其他相关的生物生命，可是和人的生命相比，我还是主张人命的权重应该约略要高一点吧。曾经有人不懂法滥杀了一头可爱的大象，最后在包括一些所谓的科学家在内的有关人士的强烈“呼吁”下，也要将大象猎杀者杀掉，执行者就是我们人类自己！我主张用法律的手段对那些破坏自然生态环境的人进行严厉的处罚，但是不应该轻易地以屠杀人类自己为代价。

森林里的松萝太多了，已经影响甚至危及到大片原始森林的正常生长和发育，该不该利用我们人类的智慧和力量去做一些必要的清除工作呢？好比我们人的身上出了汗迹，要不要洗澡呢？河道里的砂石淤泥影响到河水正常的行洪排洪能力，甚至影响到附近居民的生活生存空间时，该不该人为地对它们加以清除呢？好比自家的家门口突然出现了一头有可能伤及自己和家人生命的凶残肉食动物的时候，是否应该采取必要的防卫手段呢？

在人为科学干预下，淤积的冰川湖还会重现生机。

破坏自然生态平衡很可悲，但是对一切“自然现象”听之任之的“自然主义”或者“自然主义者”也未必不可悲！破坏自然生态平衡的行为要坚决杜绝甚至严厉打击和处罚，不过“自然主义”有时也会害死人的！道理很简单：

螺髻山已成为山地科研和教学的圣地。

5.12汶川地震应该是一种典型的自然现象吧，可是它发生在人类生存和经济活动最密集的地区，不仅地震本身给我们带来了巨大的灾难，而且诸如堰塞湖、滑坡、泥石流、洪水等次生灾害也会给人们带来防不胜防的伤害和打击。对于这类所谓“自然现象”，我们绝对不能够采取“自然主义”的态度，相反，人类应该进行及时的干预，排险泄洪，最大程度地保证人类生命财产安全无虞。

以上的赘述是要导出一个结论性的方法：为了延缓和保证螺髻山所有现存古冰川湖泊的原始原生自然状态，建议在不影响古冰川湖泊原始地形地貌和周围植被群落的自然生态环境的前提下，定期为它们“净身”清淤。

再顺便提一下，螺髻山原始森林里的松萝也应该及时进行必要的清理，一是为了那些亭亭玉立的高大乔木们，胸径几十厘米到1米左右的大树要经过上百年才能长成，不能因为松萝是良好生态环境的指示性生物而任其无端繁殖，从而殃及“别人”呀！再说，松萝多了，还是引起森林火灾的一个潜在因素呢，因为松萝的燃点很低，雷击闪电或人为火种最容易通过松萝的燃烧引发森林大火。此种由松萝等易燃生物诱发的森林火灾现象在西藏屡有发生。

后　　记

《唯美四川——螺髻山》终于算是大致成形，然而对于螺髻山真正的科学底蕴和景观精髓却还有一种不甚了了的感觉。

走进螺髻山，无论是它的万顷莽莽林海、波光粼粼的古冰川湖泊、直刺天穹的金字塔般的角峰、起伏蜿蜒横空出世的刃脊、令人匪夷所思天工巧夺的古冰川刻槽，还是那些虽经第四纪冰川寒冷气候的考验而孑遗存世的动植物活化石，无不给人一种进入地质历史时空隧道的奇妙感觉。

每一次进山科学考察，走过每一条探险路径，我都尽自己所能不放过目力所及的每一块石头、每一株植物、每一座湖泊和每一处新的景观，但依然感觉仅仅是走马观花而已，仍然有一种天悬地隔的朦胧未尽之意。究其原因，就是因为螺髻山中的每一处地貌景观以及组成这些地貌景观的“细部构件”，都承载着几百万年以来太多太多地质历史演变和发展的渊源与厚重，因此，对于这些所观察到的一切地质地理现象和环境特质的

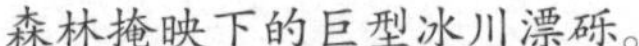
森林掩映下的巨型冰川漂砾。

认知和解释，虽然自己以为还算比较圆润和合理，可那也只是对螺髻山这座科学宝库，尤其是螺髻山第四纪冰川科学与历史环境了解和认知的第一步。

提高全民族科学素养，普及科学知识，是我们每一个旅游景区管理局责无旁贷的职责和义务。

面对没有任何现代冰川直观效果的螺髻山第四纪古冰川地貌景观现象，我们怎么样才能够让游客相信那些湖泊就是古冰川所为，那些刻槽就是古冰川所造就，那些U型谷、角峰、刃脊、鲸背岩，以及那些布满梅花一样美丽图案的豹斑状漂砾都是古冰川这位大师高手的巧夺天工呢？这是螺髻山旅游景区管理局龙子拉副局长对我提出的问题。

可喜的是，螺髻山旅游景区管理局正式成立了自己的科学考察队，他们通过走出去、请进来等多种途径，对科考队队员和局里的工作人员进行培训，领导带头，分工负责，把对景区的科考活动纳入常规工作范畴。管理局的同志们在思想意识深处不以短期经济效益为念，不以用目前在许多地方颇为流行的“人造景观”和“人造传说”为手段去吸引游客，而是脚踏实地，以螺髻山本来就固有的丰富的自然景观和人文特色为亮点，打文化牌、科学牌，打造螺髻山第四纪古冰川景观地貌为核心、为灵魂的旅游精品。

旅游产业、旅游产品、最佳旅游地，是现在各地发展可持续经济的重要聚焦点。不少地区甚至将旅游业作为本地区经济发展的支柱产业。

气候变暖、气温升高、温室效应，是目前世界各国科学家、政治家以及平民百姓都十分关注的热门话题。

人类社会发展到今天，都市化、城镇化，快节奏、高速度成为社会“不得已”的主体趋势。为了达到某种自然平衡，越来越多的人都有一种“逃离”喧嚣、远离繁华，冬天向往温暖、夏天向往凉爽，回归自然、回归原始的追求和欲望。于是，螺髻山旅游景区的开发建设和保护项目的开展便自然而然地应运而生了。

一批有志于螺髻山生态旅游产业可持续发展的管理者和建设者荟集在螺髻山。他们一心一意用自己的智慧、青春和汗水精心地呵护着螺髻山，不断地探寻着螺髻山的奥秘，要把螺髻山无限的魅力和无痕的美丽展现给世人，让四面八方的客人知道螺髻山壮丽的过去、怡人的现在和美好的未来。

螺髻山作为最佳旅游地，对于都市人追求凉爽、“逃离”喧嚣、享受“氧吧”、回归自然、走入“原始”来说，的的确确是一个难得的、百里挑一的好去处。

可是除此之外，我还想告诉朋友们，当你来到螺髻山，看到那一个又一个古冰川湖泊，一处又一处古冰川刻槽，一片又一片古冰川漂砾，一条又一条古冰川U型谷地，一座座古冰川金字塔角峰，一道道古冰川刀刃一般的山脊（刃脊），一处处或鱼跃出水或光滑如磨的“鲸背岩”的第四纪古冰川遗迹景观的时候，美丽聪慧的彝族“阿妹子”(彝语：姑娘的意思）导游会给你娓娓道来：这些古冰川遗迹地貌景观都是形成于几万甚至几十万、上百万年以前的寒冷期，冰川学家称之为“冰期”。那时的螺髻山和地球上许多地方的平均气温要比现在低6℃以上，当时的螺髻山没有这么多的原始森林，却是一片铺天盖地的茫茫冰川，真是“山舞银蛇，原驰蜡象”。而在那以万年计的历史长河

俯瞰黑龙潭。

中，螺髻山又不总是处于严寒的封冻之中，也有几次冰消雪化的温暖期，冰川学家称之为“间冰期”。间冰期的时候，螺髻山和地球上许多地方的平均气温比现在要高出6℃左右，那个时候的螺髻山，或者也和现在一样森林密布、动物成群，一片生机盎然，甚至比现在更加酷热难耐，许多植物灭绝消失或者发生基因变异，许多动物，包括我们的祖先原始人类只能够迁徙到纬度更北、海拔更高的地区繁衍生息。

这些理念、这些最形象的科学普及知识，就是螺髻山除了让游客朋友们达到休闲、消夏、度假，远离城市繁华喧嚣等目的之外奉献给大家的一份“额外”的大馈赠。

“温故而知新”。了解地球的过去、了解地球过去所发生的一切地质历史事件，包括这些历史事件发生的原因、延续的时间、覆盖的地域、产生的过程，以及出现的特征和强度等，主要目的之一就是为了尽可能地摸清楚这些历史事件发生的规律，并且利用这些规律来为现实人类社会服务，为人类社会未来的发展和可能遇到的各种挑战制订应对策略提出科学依据。

螺髻山就是我们了解地球过去几百万年以来发展变化以及岩石圈、生物圈、大气圈、冰冻圈……演替过程的一个鲜活的窗口，是我们地球历史气候变化的活化石，是中国第四纪古冰川遗迹天然博物馆。

从宇宙发展变化大的背景和总体趋势而言，我们人类是无法改变什么的。换句话说，人类只有去顺应宇宙发展的规律，在人类有限的科学技术水平和能力的前提下做一些十分有限的调整和修复，使我们人类在漫漫宇宙长河中“游”得更远，“游”得更舒适、更畅快一些。

朋友，到螺髻山来吧！这里不仅能使你得到精神的放松，身体的愉悦，情趣的陶冶，也许在你的加盟之下，螺髻山会发现一个动物或者植物的新种，发现一个新的地貌景观。通过您，也许会对螺髻山诸多的地质地貌奥秘现象给出一个新的更合理、更科学的解释。

螺髻山人和螺髻山一样，始终都有海纳百川的博大胸怀，他们随时都会热情而真诚地张开双臂欢迎朋友们的到来。

雾中螺髻山。

现代每一个人的劳动，无论是体力劳动还是脑力劳动，都并非一个人的独立行为。就拿我自己来说吧，自从应出版社要求用电脑写作《现代科学技术知识词典》(中国科学技术出版社，2010年10月，第3版）中有关地理生态与环境的100多个条目开始，我就不再用传统的纸笔写稿了。这样不仅速度快，最后交付给出版社的稿件错误也少。而这就要感谢电脑技术和发明文字输入法的专家了，是他们的劳动帮助我提高了我的劳动效益和质量。

同样，一部新书的出版，我要感谢很多的单位和朋友。

本书的问世首先要感谢螺髻山旅游景区管理局，在日海补杰惹局长的亲自安排和具体策划参与下，在全局所有朋友的帮助和关注下，我们完成了对螺髻山的多次科学考察，收集了大量的科学科普素材，为完成本书的写作奠定了坚实的基础。日海补杰惹局长和他的同事还为本书提供了很多高质量的美丽图片，为该书增色不少，在此也对这些图片的拍摄者表示由衷的感谢。

感谢中国科学院成都山地灾害与环境研究所邓伟所长和相关的朋友，尤其是邓伟教授，他不仅关注中国山地灾害与环境的科学研究方向和发展，而且还十分关注中国山地科学与环境的科学普及。山地所的领导和朋友们对我的科学普及创作给予了持之以恒的关心和帮助。

此外，感谢北京日报出版社的张兆晋先生和新华网的姚予疆先生，他们曾经陪同我亲赴螺髻山考察，和作者一同感受那里的第四纪古冰川地貌景观的美丽风光和科学科普内涵，体会当地彝族兄弟民族那丰富多彩的民风民俗、厚重的历史文化以及美好的现代幸福生活。尤其感谢北京日报出版社编辑朋友们的精心设计和细致编校。

由于种种原因，该书一定还有许多不足之处，敬请读者朋友不吝指出。科学普及关系到全民族科学素养的提高，也是“科学发展”的重要内容，读者朋友和科普作家一样，都是科学普及和科学传播的接力手。

张文敬

2010年6月1日始写作于成都五极居

2016年3月18日再校改于成都五极居